ユーザが感じる品質基準 QoE

IPTVサービスの開発を例として

NTTサイバーソリューション研究所 監修

Quality of Experience

東京電機大学出版局

本書の全部または一部を無断で複写複製（コピー）することは，著作権法上での例外を除き，禁じられています。小局は，著者から複写に係る権利の管理につき委託を受けていますので，本書からの複写を希望される場合は，必ず小局（03-5280-3422）宛ご連絡ください。

序　文

　現代のマーケットにおいて，消費者にとって魅力のある商品やサービスを開発・提供することは，以前よりもずっとむずかしくなっています．インターネットの普及によって，口コミなどのあらゆる情報がリアルタイムに流通するようになり，消費者の趣味趣向や価値観も多様化しました．

　これまでは，情報通信の分野においては，機能・性能第一で商品やサービスが開発されてきましたが，今ではそのデザイン（意匠）が重要視されるようになり，使いやすさ，サポートの良さ，そしてもちろん価格に至るまでのトータルな満足度が求められるようになってきました．そして最近では，地球環境への負荷なども重要視されています．

　ネットワークのサービスの性能を評価する指標として，QoS（Quality of Service）という言葉がありましたが，これからは，より総合的な品質の指標として「消費者がその商品やサービスを使ったり受けたりする際にどのような体験をするか」という点に着目した総合的な品質である QoE（Quality of Experience）がさまざまな分野で重要視されています．

　それは，商品やサービスの開発，流通，運用，回収・終結の各過程，すなわちそれらのライフサイクルにおいて考慮されなければなりません．また，消費活動においては，価格はもちろんのこと，ネット上での利用体験の共有による評判の情報や所有の喜び，安心感などマーケティングに関する事項も考慮の対象となるでしょうし，顧客本人の性質，すなわち慣習や文化的背景も影響を与えるでしょう．

　もちろん，これまでも，「顧客満足度」や，満足度のマネジメント（CRM；Customer Relationship Management）といった言葉は存在していました．しかしながら，対象となる商品やサービスのライフサイクルを通して顧客がどのような体験を受けるかといった視点の評価については，まだまだ検討すべきことが多いと思われます．

　企業分野は異なるものの，スターバックスコーヒーやディズニーランドで

は，お客様にどのような快適な（すばらしい）体験をしていただくかという「顧客体験のデザイン」を実践しているといえるでしょう．この他にも，金融，外食，流通産業などを中心に，顧客満足度を高める工夫はおもにノウハウとして蓄積されていると思われます．しかしながら，実際に商品やサービスを開発し，デザインを評価するには，数値的・定量的な基準が必要となります．

ネットワークのサービスに関していえば，これまで QoS という言葉で表現されてきたネットワーク性能のサービス品質から一歩踏み込んだ QoE，日本語訳では「ユーザ体感品質」が必要となっています．"Experience" は直訳すれば「体験」ですが，ここではもっと「わくわくする感じ」，「楽しさ」といったポジティブなイメージ感と考えたほうがよいでしょう．この "Experience" を定量化して，消費者が判断しやすいように，あるいはサービス設計の指針となるように考えられたものが QoE であるともいえるでしょう．それは，サービスの発見，契約，享受，維持の各場面において考えられるべきです．

現在，国際的に QoE について議論がくり広げられている IPTV（インターネットテレビ）を例にとれば，画像の品質・安定性から操作画面の見やすさ，リモコンの使いやすさなども評価されています．工学の分野においては，学問としてはまだ黎明期であるといえる QoE の概念は，これからの重要な研究課題といえるでしょう．

本書の出版にあたっては，商品・サービス・システムの設計段階から QoE を意識することで，消費者に高品質な体験を提供し，かつ設計を効率化するヒントを，開発者側に与えることを目的としています．研究開発，設計，運用および営業に至るまで，さまざまな立場で QoE という共通概念をもって質の高いサービスが次々と登場することを期待しています．

2009 年 1 月

著者識

目次

第1章 サービスの品質 1

1.1 サービスは「時間」の時代 1
1.2 総合的なデザインの重要性 3
1.3 次のサービスの予想 4
1.4 QoEの提案 5
1.5 もう一度ユーザの手に 7

第2章 エクスペリエンスの品質（QoE） 9

2.1 さまざまなエクスペリエンス 9
2.2 エクスペリエンスの品質（QoE）とは 10
2.3 品質メトリックスへの注目のされ方の流れ 13

第3章 通信サービスにおけるQoE 16

3.1 通信サービスの品質 16
3.2 通信関連標準化団体におけるQoSとQoEの考え方 20
 3.2.1 ITU-T（International Telecommunication Union） 20
 3.2.2 IETF（Internet Engineering Task Force） 23
 3.2.3 DSLフォーラム（DSL-Forum） 23

3.2.4　3GPP（3rd Generation Partnership Project）　24

3.3　NGN（Next Generation Network）とQoE　25

3.4　通信サービスにおけるQoEの位置づけと展望　26

3.5　まとめ　29

第4章　IPTVサービスにおけるQoE　31

4.1　IPTVの定義と各国の状況　31

4.2　IPTVの構成　33

4.3　映像の評価　36

 4.3.1　主観品質評価法　38

 4.3.2　客観品質評価方法　47

4.4　ネットワーク伝送の評価　54

 4.4.1　QoE-QoS-NPの品質階層　55

 4.4.2　通信サービスという側面でQoS/NPの枠組み　55

 4.4.3　QoEとのQoS/NPの関係と評価例　62

 4.4.4　QoEを達成するための品質設計・管理　64

4.5　ユーザインタフェースの評価　66

4.6　保守運用性　70

4.7　さらなるQoE検討要素　71

 4.7.1　サービスの新規開発のためのウォークスルー　74

 4.7.2　既存のサービスの品質を向上させるためのウォークスルー　85

 4.7.3　まとめ　91

第5章 QoEの課題と今後の展望 94

5.1 エクスペリエンスにこそ経済価値がある
　　――経験経済・経験価値マネジメント 94

5.2 エクスペリエンスのデザインの方法論 99

　　5.2.1 人間中心設計（HCD）／ユーザ中心設計（UCD） 99

　　5.2.2 アクティビティ中心設計（ACD） 101

　　5.2.3 UXのデザイン 102

　　5.2.4 UXのデザインガイドラインの試み 105

　　5.2.5 未来のモノゴトのデザイン 106

5.3 改めてエクスペリエンスの品質と総合評価を問う 107

　　5.3.1 エクスペリエンスとQoEの総合的展望 107

　　5.3.2 システムの受容性とユーザビリティの評価・品質 112

　　5.3.3 エクスペリエンスデザインの評価とQoEの例 114

　　5.3.4 総合的な評価，総合的なQoEの必要性 116

　　5.3.5 QoE総合知のオントロジー 119

5.4 UXマネジメントが今後の企業経営にとってのキー 120

　　5.4.1 UXマネジメントの重要性 120

　　5.4.2 UXのデザインに必要なスキルとチーム 121

　　5.4.3 UXマネジメント自体の体験流，
　　　　 そしてQoEによる選択と割り切り 123

5.5 QoEの深化とビジネスの展開 126

　　5.5.1 QoEの横展開（体験流の組合せ）の例 126

　　5.5.2 QoEの縦展開（QoEレベルの深化）の例 127

　　5.5.3 QoEを架け橋としたR&Dビジネス活動の
　　　　 イノベーション 128

第1章 サービスの品質

1.1 サービスは「時間」の時代

　今や，欲しいもの，欲しいサービスは，およそどんなものでもお金さえ出せば巷にあふれている状態だといわれています。企業はそんななかで，次にどんなサービス，どんな商品を出せば売れるのか，という予想が困難になってきているともいえます。つまり，「サービスの品質」が読みにくい時代になってきました。

　電話の場合，昔は積滞解消が電電公社に課せられた最大の要請でした。とにかく何とか1日でも早く電話を引いてほしいという状況だったのです。このような場合のサービスの品質とは，非常に単純に「申し込んでから電話サービスを受けられるまでの時間」で測ることができました。また，電話をするにも待時通話の地域ではつながるまでに数時間も待たされる場合がありましたから，この場合も「つながるまでの時間」で測定することができました。つまり，電話代が今に比べて非常に高かったころは「時間」そのものを品質として売ることができたのです。

　さまざまなサービス分野において，その初期のころには同様の現象がみられました。鉄道や飛行機あるいは高速道路にしても，まずは「時間」が勝負だったのです。その後，快適性，たとえば良い座席で音楽が聴けてくつろげて，というようにサービスの質が変わってきたといえます。

　このような変化を的確に表現したのが，狩野モデルです。従来，速いか遅いかというような1次元でサービスの品質を表現していたのに対し，製品の質だけでなく顧客満足度を加えた2次元で表現したモデルです。この2次元空間でのふるまいが，基本品質と性能品質に加え，魅力的品質あるいは興奮品質を表

現できるというものでした．これは，戦後とにかく商品を充足させることを第一に突き進み，その後，大量消費に進んだ日本にぴったりの表現だったといえます．

この理論が発表された時代は，オリンピックが行なわれ，万国博覧会が開催され，高度成長期に突入していたころです．とにかく，大量に同じものを生産することによって，安いものがいつでも手に入るという状況をつくり出したのです．その後，軽薄短小という言葉がよく使われるようになりました．より小さく，より速く，というシンプルな目標が，多くの消費者の希望でもありました．したがって，品質もこの要求に引きずられていたのです．

しかし，1990 年代に入りバブルがはじけるとともに，インターネットの急速な発達が人々の消費思考を徐々に変えていきました．LOHAS（Lifestyles of Health and Sustainability）やスローライフというような言葉が輸入され，単に速く安いものよりも，少々高くてもゆっくりと楽しめる，より高いレベルでの満足感が得られるものを人々が求め出したのです．

それは環境問題とも直結しており，より空間的にも時間的にも，広い範囲での最適化を求め出したのです．つまり，洗剤には洗浄力だけでなく，下水に流れても最小限度の汚染ですむような成分で，なおかつ速やかに自然に戻るようにとか，使う人の健康や，香り，さらには使いやすさなど，総合的な要素が加味されているのです．

また，これらの総合性に輪をかけて加速しているのが，インターネットを用いた新たなコミュニティです．それまでのように限定された宣伝広告の世界では，テレビをはじめとする媒体からの情報で消費者の行動が左右されていました．しかし，あらゆる情報がリアルタイムで手に入るインターネットが普及したため，さまざまな面からの評価がなされるようになりました．

そこには，供給側が想定していなかった課題も多く，このことが新たな製品の企画をむずかしくしているともいえます．一方，ロングテールに属する商品も，インターネットのおかげで安く，リアルタイムに消費者にアピールすることができ，ごく一部の人にしか浸透しないような商品でも，ネットと宅配を用

いれば販売することができるようにもなりました。

たとえばスーパーで購入できる安い輸入食品よりも，生産者の顔がみえる国産野菜を求める消費者が増えてきました。少々高くても，安全性，新鮮度，そして味の面から評価されるのです。四国の山あいの人口 1,000 人の村が始めた「ゆず」の加工食品が，年間 30 億円以上もの売り上げを達成しているのは，そのよい例でしょう。

1.2 総合的なデザインの重要性

なんらかの機能をもつサービスを例にとって考えてみましょう。それがハードウェアであれば，重要なのは意匠デザインです。消費者がまず最初に意識するのがデザインだからです。魅力的な色，形，重さなど，意匠デザインの範囲も広がってきています。一方，ソフトウェアのサービスであれば，ウェブのデザインが消費者をひきつける重要な要素になります。色や形はその商品の本質的な機能を表現するものであるからです。

流線型でストライプの塗装をされた新幹線や飛行機は，その速さ，快適性を，色や形で表現することによって人々をひきつけています。もっともデザインが重要視される分野は，おそらくファッションの世界ではないでしょうか。そこには流行を先導する力があり，予言する機構もあります。一般的な商品も，ファッション業界ほどシステマティックではないにせよ，消費者の好みやトレンドを先読みしてデザインがなされています。たとえば自動車業界では，数年かけてコンセプトが練られ，それをモーターショーなどで展示して，最終的な調整をへて商品化されていくのです。

従来，ICT（Information and Communication Technology）とよばれる情報機器やさまざまな家電とよばれる商品は，まず機能が重要で，意匠デザインはその次，という風潮がありました。しかし，やりたいことが複数のサービスや商品でできるようになると，消費者はより快適でセンスのよいものを求めるようになりました。単純な機能のものであれば，とりあえずプロトタイプをつ

くってから，その容れ物はあとからデザイナーにつくってもらって合体するということが可能でした。

しかし，今は多くの製品がソフトウェアによってつくられています。メカの塊だと思われていた自動車も，その部品の多くが電子部品に変わりつつあります。エンジンの調子が悪いとき，バルブを手で調整して直していた時代は終わったのです。もちろん，基本的なヒューマンインタフェースの部分は，依然としてメカに頼る部分が多く残っています。しかし，デザインから考えると，このインタフェースの部分だけでなく，その機能，あるいはそれを制御しているソフトウェアのつくりから考えなければなりません。

もっと根本的に新たなサービスや商品を考えるとき，技術者は最初から使われるであろうさまざまな立場の消費者を考えながら，最適な技術や素材，さらには重さや壊れたときの直しやすさ，必要がなくなった際のリサイクルや，破棄が環境に与える負荷などを考える必要に迫られています。これらも広い意味でのデザインといえます。

1.3 次のサービスの予想

サービス動向を予想する試みはさまざまになされています。また，現在受け入れられたサービスから演繹的に予想することが多いように思います。しかし，実際に多くのユーザに受け入れられたデバイスやサービスをあらかじめ予想できた例は少ないのではないでしょうか。

企業が次期のサービスなどを検討するときには，さまざまな分析を重ねながらビジョンを練り，多くの有識者の意見を聞き，コストを考慮しながら進めていきます。そのなかではSWOTやPESTなどのMBAで教えられる方法を駆使し，さまざまなマーケティング手法で次の当たりそうなテーマを探していきます。しかし，そのような方法で実際のビジネスに結びつくものは，それほど多くはないのです。たしかにMBAで教えられる手法は，現在あるいは過去の成功例や失敗例をじつに的確に説明してくれます。しかし，「これから何をす

ればよいか」には答えてくれません。

　今，IT 化の進展に従い，ユーザが選択できる範囲が急激に広がってきています。同時に，多様な生活形態が出てきているため，サービスの多様化が進んでいます。そのため，今後のトレンドを予測することはますます困難になってきているのが現状です。単なる機能や性能だけで売れる商品やサービスは少なくなり，ユーザの視点に立った総合的な快適性が求められています。

　これに成功しているスターバックスやディズニーランドは，客が最初に予約あるいは店に入ってから出ていくまで，あるいはその後までの総合的な快適性を追求しているといえます。これらのサービスは，客が店を見つけて中に入り，注文し，その後を過ごすという動線や雰囲気，価格などすべてを，センスよくデザインしているといえます。これらのデザインの品質を表現したのが，これから提案する「QoE（Quality of Experience）」だといえるのです。

　思い返せば，われわれはつねにある流れのなかで個別のことをなしているので，それぞれが単独に存在しているわけではありません。朝起きて，好きな音楽をかけながらコーヒーを飲み，通勤途中の駅前のファストフード店で朝食をとり，iPod で音楽を聴きながら満員電車に揺られて会社に向かう，という流れのなかでどんな商品がフィットするのかという発想が必要になってきています。

1.4　QoE の提案

　このような総合的な快適性を実現させるノウハウは，各企業ごとに多くの蓄積がなされています。しかし，それを定量的に表わすことは非常にむずかしいとされています。サービスの品質は，これまでは「QoS」（Quality of Service，サービスの質）という言葉で説明されてきましたが，この言葉はエラー率や遅れ時間などのネットワークの性能，すなわちサービスを提供する側からの表現がおもでした。

　最近では，これに代わる言葉として，「QoE」が提案されてきています。日

本語では「ユーザ体感品質」とも訳されます。「Experience」を「体験」と訳してしまうと，ダイナミックさがなくなります。何かわくわくするような楽しい体感というイメージが，「Experience」にはあるのです。そういう意味では，すでに30年以上も前に提唱された狩野モデルの「興奮品質」と同じことかもしれません。本書では「エクスペリエンス」とカタカナ書きで統一することにします。

最近，米国のIT産業を中心に，「ユーザエクスペリエンス（UX）」を重要視する傾向があります。日本では，「お客様満足度を最高に」と同じようなニュアンスで，「ユーザのエクスペリエンスを最高にする」という表現があります。たとえば，ソフトウェアを使うときにGUI（Graphical User Interface）の良さや速さ，イベントの遷移など，すべてを統合してデザインされた品質をいいます。しかし残念ながら，日本のソフトウェアのほとんどはそのあたりが弱いと感じられます。

もちろん，価格やアップデートの頻度，簡単さというものも重要になるでしょう。ネットワーク品質がソフトウェアの使いやすさに影響するということも考えられます。飛行機の中のノートブックで操作する場合と，オフィスのデスクトップで操作する場合とで，ちがいが出ることはあります。

QoEという言葉は，すでにIT産業だけでなく，金融，食品，流通などで広がりをみせています。海外の銀行が日本に進出してきています。彼らの手法は，これまで当たり前と思われていたさまざまなサービスを次々に変革しています。銀行の待合室がコーヒーショップになっていたり，通帳の代わりに毎月のトランザクションを送ってきてくれたり，無料でどこのATMでも使えたりと，新たな「エクスペリエンス」を提供しています。今，多くの産業でこのエクスペリエンスの追求が進んでいます。

このエクスペリエンスをもっと共通の概念にしようと，定量化してユーザからみて判断がしやすいように，あるいはプロバイダからみてサービスの設計指針を立てやすいように考えられたのが，QoEなのです。QoEには，サービスを発見し，契約し，享受し，維持する，というそれぞれの場面における品質が

定義されます。いかにわかりやすく自分の欲しいサービスを発見でき，簡単に契約できるかというようなことが，サービスを享受するまでに望まれます。

インターネットテレビ（IPTV）サービスを例にとって説明しましょう。いざサービスが始まると，画質や安定性などが重要となり，さらにコンテンツを選択する場面ではEPG（電子番組表）の見やすさが重要になります。また，現在は多くのボタンが並んでいて操作に惑うことが多いリモコンの使いやすさも，QoEの重要な点になるでしょう。IPTVは国内外で標準化が進んでおり，QoEはサービスを実現させるための重要なポイントとして議論が進んでいます。QoEは今後，携帯サービスや他のサービスでも共通のユーザ体感品質としての使用が期待されています。

1.5 もう一度ユーザの手に

ユーザの満足度を議論するベースとして，CRM（Customer Relationship Management）が有名です。また，ミシガン大学で提案され米国の品質学会（American Society for Quality）で決められた顧客満足度を定量化する指数ACSI（American Customer Satisfaction Index）もさまざまな分野で使われています。最近は，リアルのビジネスもこのACSIで測定されていますが，一般的にはインターネット上と同じビジネスの場合は，インターネットのほうが高いACSIになっているようです。

このように，消費者の立場に立ったサービスの評価手法が進んできていますが，どのようにすれば，この値を高くして顧客満足度を上げられるかが問題になります。QoEという概念は，まだまだ歴史的にも内容的にもこれからの感が強いものです。しかし，すでに国連の機関でもIPTVのサービスを標準化する動きがあり，このQoEをどのように定量化するかが議論されています。

本当の意味での消費者の満足度は，国ごとにちがうものです。それは，慣習や文化がちがうことに依存しているからです。日本ならではのサービス品質がきっとあるだろうと思います。私たちがQoEに関する本を出版しようとした

きっかけは，このような新しいサービスを設計するすべての人にとって，最初からQoEを意識することで，より快適なサービスを短時間で構築できるようなヒントを提供したかったからです。本書によって，技術，営業，設計のそれぞれの立場からQoEという共通概念を媒介にして，より質の高いサービスが次から次に出てくることを強く祈念しています。

第2章 エクスペリエンスの品質（QoE）

2.1 さまざまなエクスペリエンス

　東京ディズニーランドは，もっとも人気のある遊園地のひとつです。「遊園地」という言葉を辞書でひくと，「遊覧・娯楽のために諸種の乗り物や設備を設けた施設」と書かれています。つまり，遊園地は「乗り物」や「設備」を提供する施設というわけです。ところが，東京ディズニーランドには，日本最大の観覧車もなければ，日本一スリリングなジェットコースターがあるわけでもありません。では，なぜディズニーランドは圧倒的な集客力を維持しているのでしょうか。また，スターバックスは，コーヒーショップです。当然，コーヒーを提供しています。しかし，はたしてコーヒーの味と値段だけで，これほどの成功はあったでしょうか。

　今，「ディズニーランドは，子供も大人も楽しめ，入る前から帰ったあとまですばらしい"エクスペリエンス"を提供している」とか，「スターバックスは，店員の応対や店の雰囲気・演出などを工夫し，コーヒー店を新しい"エクスペリエンス"を与える空間に変えた」などといわれています。これらは，サービス業の話ですが，同様に，「アップルのiPodとiPhoneは，箱を開けるときから，使い始めてみても，わくわくするようなすばらしい"ユーザエクスペリエンス"を提供している」とか，「アマゾンドットコムは，訪問者の興味を引くアイテムについて関連情報を提供する機能を少しずつ増やし，オンラインショッピングの"エクスペリエンス"を変えた」という声を聞きます。

　そして，通信業界でも，これからのネットワークである「NGN（Next Generation Network）のキラーアプリケーションは"エクスペリエンス"である」などといわれ，さまざまな業界で「ユーザエクスペリエンス（UX）」の重

2.1 さまざまなエクスペリエンス　9

要性が注目を集めています。

では，この「エクスペリエンス」，そしてエクスペリエンスの品質とよばれる「QoE」(Quality of Experience) とは，いったい何をさすのでしょうか．

2.2 エクスペリエンスの品質（QoE）とは

エクスペリエンス，QoE という言葉は，その言葉が使われている分野・領域によって，少しずつニュアンスや意味合いがちがっていて，いくつかの側面があるようです．

ひとつは，品質評価の側面です．たとえば，通信の分野では，もともとネットワークのサービス品質を表わすのに，QoS (Quality of Service) という言葉がありました．QoS には，伝送誤り率や通信帯域などのパラメータが含まれます．電話のみの単純なサービスにおいては，QoS とユーザが享受するサービスの品質の対応づけは比較的簡単でした．

しかしながら，インターネットが普及し，回線を占有する電話から VoIP (Voice Over IP) や IP 網を利用した映像の配信などが普及し，安定した通信品質を維持する制御がむずかしくなるに従い，ユーザにとって重要なのは，伝送誤り率などの QoS パラメータではなく，音声がきれいに聞こえるか，映像が乱れることなく視聴可能かということのほうに移ってきました．そこで，QoS を発展させる形で，利用者の主観によって品質評価を行なう必要性が指摘され，QoE とよばれるようになっています．

国際電気通信連合電気通信標準化部門（ITU-T；International Telecommunication Union Telecommunication Standardization Sector) の IPTV 国際標準化の活動のなかでは，従来からの主としてサービス提供者側の視点からみた品質である「サービス品質」(QoS) に加えて，前述のような視聴者の主観による映像の品質，さらにはサービスを受ける人の端末までのエンドツーエンドの品質，またそれに加えて，番組の選択，ザッピングなどの性能までを含め，それらを QoE として検討していくことが重要であるとの認識がなされていま

す。

　それでは，具体的に ITU-T での QoE は，どのように定義されているのでしょうか。ITU-T での QoE の定義は，「エンドユーザによって主観的に知覚されるアプリケーションやサービスの全体的な受容性」となっており，すべてのエンドツーエンドのシステムの諸効果（クライアント，端末，ネットワーク，サービスインフラストラクチャなど）を含むこと，全体的な受容性はユーザの期待とコンテクストに影響を受けるであろうことが注記されています。そして，ITU-T での検討は，ユーザに適切な QoE のサービスを提供するために必要となる各要素に対する要求条件（誤り伝送率は〇〇%以下など）が記述されています。

　もうひとつの流れとして，製品やシステム，サービスのデザインの側面があります。製品やシステム，サービスを設計するとき，それらがある程度コモディティ化され，そのうえで提供されるサービスにも同じようなものがみられるようになってくると，製品やシステム・サービスそのものは差別化がむずかしくなってきます。そのときにユーザにとって大切なのは，製品やシステム・サービスそのものから，そのうえでどのようなエクスペリエンス（経験，体験，体感など）を享受できたか，つまり「UX」が豊かであったか，魅力的であったかに移ってきます。このようにして，エクスペリエンスが重要視されるようになってきました[1]。

　このような動きのなかで，エクスペリエンスがよいデザインというのはどういうことなのか，などの基本的な課題が起こってきました。そこで，ACM (the Association for Computing Machinery) という世界最大規模の学会のイ

---

1)「ユーザエクスペリエンス」という言葉は，1990 年代半ばにドナルド・A・ノーマンが，カリフォルニア大学サンディエゴ校（UCSD）からアップルコンピュータに移り，ユーザエクスペリエンス・アーキテクチャグループを率いて，自らにユーザエクスペリエンス・アーキテクトという肩書きをつけたことに由来するといわれています。これまでの，人とコンピュータや機器とのインタフェースにかかわる用語であった，ヒューマンインタフェース，ユーザインタフェース，ユーザビリティなどのコンセプトでよばれていたスコープをさらに広げた概念で，「ユーザエクスペリエンス」とよぶようになってきています。なお，ノーマンはユーザインタフェースの研究で著名な認知心理学者で，『誰のためのデザイン？』[1]，『エモーショナルデザイン』[2] などを著わしています。

ンタフェースに興味をもつ研究者の集まりである SIG CHI のなかで,「The ACM/interactions design award criteria」を検討することになり,1996 年に Lauralee Alben が『ACM interactions』に「Quality of Experience：Defining the criteria for Effective Interaction Design」という論文を発表しました[3]。このころから,Quality of Experience という言葉が使われはじめたようです。

　このなかでは,たとえばユーザの理解,効果的なデザインプロセス,満足させるためのニーズ,学びやすく使用しやすいこと,デザインの適切性,グラフィックとインタラクションと情報などが融合された美的経験,可変性,利用法のみならず,値段,インストール法,メンテナンスなどの評価基準が提案されました。また,エクスペリエンスデザインの基盤となっているインタラクションデザインの基底には,ビジョン,発見,コモンセンス,真実性,情熱,こころ,といったコンセプトが大切であることも述べられています。

　一般的に,「QoE とは,評価対象と評価観点に対して,満足感／（劣化などに対する）許容感などを主観的に評価する尺度」であり,「製品・サービスについて主観的に感じる品質であり,それらについて評価する場合の評価尺度のひとつであり,それらの個々の要素に対しての QoE を検討することも重要であるが,トータルでの QoE がもっとも大切である」ということも指摘されています。

　2 つの側面から QoE について説明しましたが,これらは相反するものではなく,現状の製品・システム,サービスについて,ある QoE を定めてその QoE に必要な要件を導く,すなわち骨組みをつくるような考え方と,骨組みの上で今までにはない新しい体験を提供するという,内装のような関係にあると考えられます。そして,両者ともユーザの視点に立ち,ユーザのエクスペリエンスを重視することは共通する考え方です。したがって,QoE の概念を理解し,使いやすく安心で便利なサービスを実現するためにも,QoE を考え,今後のサービス開発での新しい発想の一助になることが期待されているわけです。

2.3 品質メトリックスへの注目のされ方の流れ

これまで述べてきたように,インターネット時代・次世代ネットワーク時代の品質のメトリックスは,それまでの時代の品質のメトリックスの考え方とは異なってきているといえます。もう一度マクロに整理して,これまでの品質に関するメトリックスの流れを見てみることにします。

たとえば,まずシステムの安定性や接続性など基本的なことが追求され,それがある程度確保されてくると,次に送受される音声や映像などの品質が追求されてきます。ここまでが,2.2節で述べた通信の世界における QoE の検討であり,サービスの骨格をつくる作業です。そして,各種のサービスが提供されてくると,ユーザの視点に立ったタスクの達成・効率性などに焦点をあてたユーザビリティ,使い勝手,使いやすさなどが追求されてきます。これらの動きにあわせて,ユーザ中心のデザイン法(設計法),人間中心のデザイン法(設計法),それらの組織への浸透方法などが求められてきます。これが,まさに製品・システム,サービスのデザインとしてのエクスペリエンスであり,その品質である QoE となります。

そして,このような動きのなかから,ユーザ要求やビジネス側からの要求をつねに考慮しながらサービスの設計を進めていくことの重要性が強調され,サービス運営における質の向上活動の体験のなかから UX の質の大切さがみえてきて,それが直接的にビジネスの成否に関係してくることもみえてきたのです。

もちろん歴史的にみたとき,20世紀の情報通信ネットワークシステムやコンピュータシステムの時代にも,システムの安定性品質,接続性品質,表現メディア(音声・映像など)品質,ユーザビリティなどを追求していくときには,ユーザ要求やビジネス側からの要求をつねに考慮しながら進められており,システム品質,サービス品質,ビジネスコストの関係が大切であったことはいうまでもありません。ところが,そのころには,システム品質とサービス品質とビジネスの関係が,たとえば収入額の変化との直接的な関係が明確には

みえていなかったという問題も抱えていたともいえます。

　ところが，インターネットの各種サービスが展開されているうちに，たとえば，あるユーザがウェブショッピングをしている場合には，買い物が楽しく体験できて欲しいものが便利に購入できることが望まれ，ビデオ鑑賞をしているときには，音声や映像の品質に加えて番組などの検索や選択と並行した鑑賞という体験自体が，そのプロセスも含めて楽しい体験であることが望まれるようになってきます。音声や映像単体の品質から，どのようにしてユーザを集め，継続して楽しい体験をしてもらい，直接的に利益を上げるにはどうすればよいのだろうか，などということに焦点が移ってきたのです。

　すなわち，ビジネスの質を向上させていくためには，ユーザのエクスペリエンスの質を向上させていくことが大切になってきたわけです。たとえば，ウェブショッピングの場合に，UXは，ユーザがショッピングに費やす機会と金額に直接影響を及ぼし，それが結果的にビジネスに直接みえる収入という形で影響を及ぼしはじめたのです。

　このように，それまでビジネスの局面に直接的に陽にみえてこなかったサービス品質といったものが，サービスの上位の新しい品質，すなわちエクスペリエンスの品質（QoE）として直接みえる形でビジネスの局面，すなわちビジネスの質（いわば，QoBiz；Quality of Business），収入に影響を及ぼしはじめたのです。

　図2.1は，時代による品質メトリックスへの注目のされ方の流れをイメージで示したものです。もちろん，楽しい・便利などだけではなく，ブロードバンドサービスで通信の帯域が大幅に広がったり，検索サービスのスピードが大幅に短縮されたりした場合にも，ユーザは新しい体験をしたと感じます。図に示すように，エクスペリエンスの品質はシステム品質やサービス品質によって影響され，支えられていることを忘れてはなりません。目標とするQoEのサービスを提供するのに必要な品質があるからこそ，ユーザに新しいエクスペリエンスを提供することができるのです。

　本書では，以降，情報通信サービスを題材としてQoEについて具体的に考

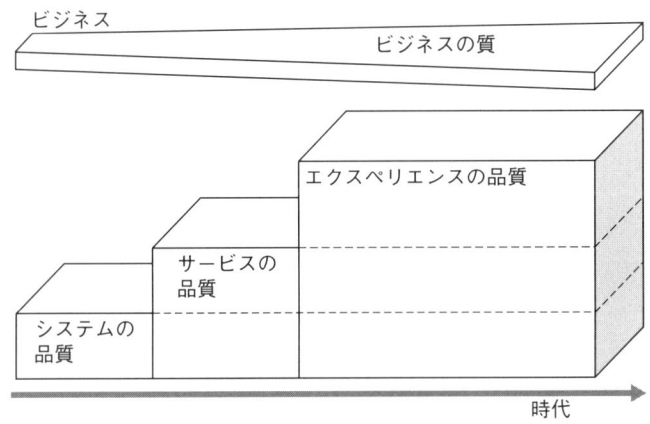

図 2.1 時代による品質メトリックスへの注目のされ方の流れ

えていきたいと思います。情報通信サービスは，電話に代表される1つの回線を占有する時代から，IPの普及に伴い複数の人で回線を共有する時代になりました。そのために，ネットワーク品質を提供する技術について多くの革新がありました。さらに，そのうえで提供されるサービスは競争が激化しています。このような背景から，情報通信サービスは，通信の立場からのQoE，および製品，システム，サービスを検討する立場からのQoEが，ともに重要な役割を果たすよい事例となっています。

参考文献

[1] ドナルド・A・ノーマン:『誰のためのデザイン？―認知科学者のデザイン原論』，新曜社，1990.1.25.
[2] ドナルド・A・ノーマン:『エモーショナル・デザイン―微笑を誘うモノたちのために』，新曜社，2004.10.15.
[3] Lauralee Alben : Quality of Experience, ACM interactions, May-June 1996.

第3章 通信サービスにおける QoE

3.1 通信サービスの品質

　通信サービスの分野では，電話サービスの時代から，利用者に提供するサービスの品質についてさまざまな検討がなされてきました。その検討は，サービスを提供する立場からの検討がおもでした。現在の固定電話のサービスにおいても，電話を介した音声の聞こえ方の品質である「音声通話品質」，電話をかけてから接続するまでの時間や呼損（話中音などで接続できない場合）の発生率などを示す「接続品質」，音声の遅延やエラーの状態を示す「伝送品質」などがきびしく管理され設計されています。音声通話品質については主観的な評価で，他の2つの品質については客観的数値評価で，それぞれ規定されています。このように，通信分野ではそのサービス品質を重要視してきたといえます。

　ところが，ブロードバンド接続が普及し，インターネット上でのさまざまな通信アプリケーションが登場すると，サービス品質に対する考え方に変化がみられるようになりました。現状のインターネットは，通信サービスとしては「ベストエフォート」（最善の努力）が基本となっています。インターネットの世界では，IPパケットの伝達によってすべての通信が行なわれています。そのなかで通信の品質は，このパケットを使って安定した容量のデータが送受できるか（すなわち「帯域」），送信元から受信先へパケットが到達する時間（すなわち「遅延」），その遅延が一定の値ではなく安定していない（「遅延揺らぎ」），パケットが伝送路上で消失したり内容が壊れたりすることがないか（すなわち「エラー率」）などのパラメータで規定できます。

　ベストエフォートであるということは，これらのパラメータの保証は行なわ

ないが，最大努力でサービスの提供は行なうということです．すなわち，100Mbpsや1Gbpsの高速光アクセスのサービスでインターネットに接続して通信を行なったとしても，現実にはそれだけの帯域を使えなかったり，大きな遅延が発生したりする場合もあるということになります．実際に，複数のプロバイダやキャリアをまたがるインターネットのなかでパケット単位の制御を細かく実行することはむずかしく，ネットワーク自体を利用者数に対して余裕をもって設計することで，利用者が不快になる確率を抑えるという手法がとられてきました．

メール，ニュース，そして掲示板程度のウェブサービスが中心であった初期のインターネットでは，ボランティア的な運営であったという点もあり，ベストエフォートのサービスでも問題は少なかったのですが，インターネットの利用者，また利用シーンも爆発的に増加し，さまざまなインターネットアプリケーションが登場するようになると，ネットワークが提供する品質の問題が顕在化してきました．インターネットのなかの技術では，このような問題は端末側の工夫でカバーしてきた面もありますが，IP電話や双方向の映像通信などネットワーク内部の通信品質が性能に直接影響を及ぼすアプリケーションが主流になると，インターネットにおいてもサービスの品質規定が重視されるようになりました．

通信サービスの分野におけるサービス品質は，QoS（Quality of Service）という概念で代表されます．QoSは厳密にいえば，ネットワーク側の視点からみたネットワークの性能指標を表わすもので，インターネットの世界では，先にも述べたパケット転送の帯域，遅延，遅延の揺らぎ量（ジッタ），ネットワーク内部でのパケットの廃棄，およびエラー率などのネットワーク性能の評価値などを示すものです．また同時に，それらの値を制御し，一定のネットワーク性能を実現すること（もしくはその技術）をさすこともあります．

QoSは「サービスの品質」を意味する用語ですから，本来はネットワークのユーザが体感し享受するサービスの品質を包括する概念でもありました．インターネット時代以前の回線交換による電話サービスは，電話をしている2地

点で回線を独占することによって通信品質が保証されていました．また，回線には規格化された端末のみが接続され，通信も音声に限定された，きわめて単純なサービスでした（図 3.1）．そのため，QoS が，そのままユーザの体感品質に反映される構造となっていました．

では現在の，ベストエフォートを基本とするインターネット環境ではどうでしょうか？　インターネットでは，ネットワークを独占するのではなく，ネットワークにつながる多くのユーザで共有します．そのため，ネットワーク内の状況は時々刻々変化し，ユーザに一定の通信品質を提供することは困難です．さらに，TCP/IP のインタフェースを備えていれば，電話にかぎらず，情報家電など多様な端末を接続したり，家庭内の複数のパソコンでホームネットワークを組むこともできます．つまり，ユーザはキャリア（ネットワークサービスプロバイダ）の提供するネットワークに加えて，ホームネットワークを介してさまざまなサービスを利用している可能性があるわけです．しかし，当然ながらネットワークサービスプロバイダは，ホームネットワークの品質を制御することはできません．このように，ネットワーク，ネットワークへの接続状況が複雑化した状況では，ネットワークサービスプロバイダが管理するネットワーク内の通信品質と，ユーザが体感するサービスの品質とが大きく乖離してしまう可能性があります．

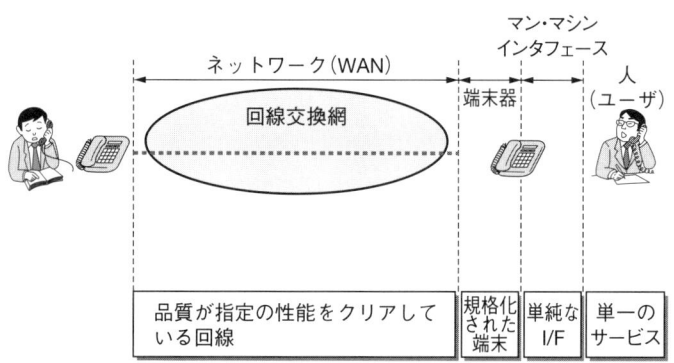

図 3.1　インターネット時代以前の電話サービス

まとめると，この乖離には大きく分けて2つの方向性があるといえます。1つは，広域ネットワークと利用者の通信端末やアプリケーションの距離が広がってしまったこと。もう1つは，通信のアプリケーションそのものが複雑化し，日常生活のさまざまな場面に入り込み，利用者を満足させるための要求条件が多様化したことです。これについては，3.4節で解説したいと思います。

　一方，このような要求のなか，インターネット内でQoSの制御を積極的に行なう方法についても，研究開発が進められてきました。ネットワークに接続されているある端末から端末に至る経路上で，決められた帯域ぶんのパケットが確実に通過できるように予約をする方式（「IntServ」などとよばれています）や，パケットに付記された宛先などの情報から通過するルーターでのクラス別の優先制御を行ない特定の通信におけるパケットの伝播を差別化する方法（「DiffServ」などとよばれています）などがインターネット上のプロトコルとして開発されています。これらの技術を適用すれば，ネットワーク内部，たとえば1つのキャリア内部で一定の通信品質を実現することができます。しかし，ユーザがその品質を体感できない場合もあります。それは，通信アプリケーションの多様化と複雑化によって，ユーザが求めるサービス品質そのものも多様化し，それを実現するための要因もネットワーク性能とは直接関係ないケースも考えられるでしょう。

　そこで，インターネットサービスの世界でも，ユーザが体感するサービス品質をより明確化するため，これまで，「エンド ツー エンド QoS」，「アプリケーション（レベル）QoS」，「ユーザ QoS」などの用語が用いられてきましたが，最近では「QoE（Quality of Experience）」という概念を定義し，これを一般化する動きが各種通信関係の団体でみられるようになりました。3.2節では，おもだった標準化団体における動向を見てみましょう。

3.2 通信関連標準化団体における QoS と QoE の考え方

3.2.1 ITU-T (International Telecommunication Union)

　ITU-T は，国際電気通信連合（ITU）における電気通信に関する標準化を行なう部門です。もともとは国際電信電話諮問委員会，旧 CCITT（Comite Consultatif International Telegraphique et Telephonique）から発展したもので，アナログ電話網やデジタル通信網などの標準化に関する勧告を出すなどして貢献してきました。電話技術に関する標準化を行なってきた団体ですので，その歴史は古く，標準化のターゲットや標準化に関する考え方も通信システムにおける下位のレイヤー（伝送路や基本通信プロトコルなど）を中心としたものが多かったのですが，最近は電話にしても VoIP（Voice over IP）や IPTV などのアプリケーションの実サービス化によって，QoE のような利用者視点の考え方を取り入れるようになりました。ITU-T では QoE および QoS を以下のように定義しています[1]。

> **Quality of Experience (QoE):**
> The overall acceptability of an application or service, as perceived subjectively by the end-user.
> Notes:
> *1 Quality of Experience includes the complete end-to-end system effects (client, terminal, network, services infrastructure, etc).
> *2 Overall acceptability may be influenced by user expectations and context.

　このように，QoE はエンドユーザの主観に基づくサービスアプリケーション全体の満足度であり，ネットワークのみならずサービス提供を構成するさまざまな要素が影響する可能性があるとうたっています。

　また，QoS についても，利用者の満足度を決定づけるサービスの性能に影響するものとして，サービスサポート，運用性，可用性からセキュリティに至るまでをカバーする，従来よりも広い概念として定義されています[2]。

Quality of Service (QoS):
The collective effect of service performance which determine the degree of satisfaction of a user of the service.
Notes:
[*1] The quality of service is characterized by the combined aspects of service support performance, service operability performance, serviceability performance, service security performance and other factors specific to each service.
[*2] The term "quality of service" is not used to express a degree of excellence in a comparative sense nor is it used in a quantitative sense for technical evaluations. In these cases a qualifying adjective (modifier) should be used.

ITUにおけるQoEの標準化は，おもに音声・映像メディアの品質評価を中心に検討されてきました（図3.2）。ITU-T SG12（Study Group 12）は，通信サービスの品質全般を研究している組織であり，ITU-Tにおける「性能と

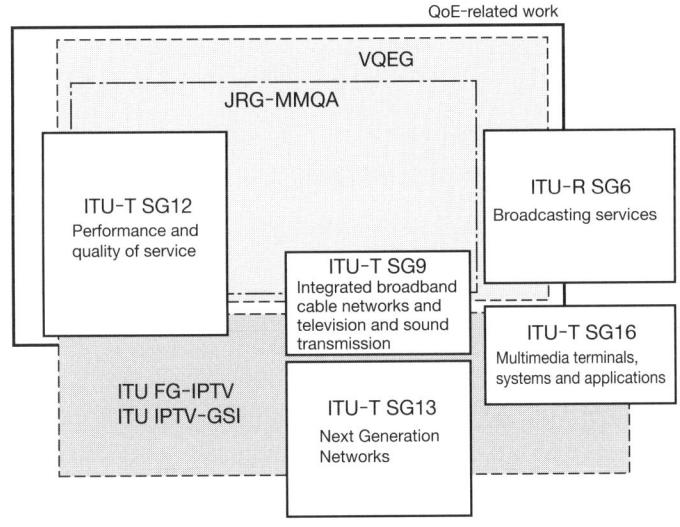

VQEG：Video Quality Experts Group
JRG-MMQA：Joint Rapporteurs' group for Multimedia Quality Assessment

図3.2　ITUにおけるQoE関連組織

QoS」に関するリード SG として各 SG 間の調整も行なっています．SG12 はおもに音声品質評価法に関する勧告の標準化を行なっており，これらの技術は現在提供されている IP 電話サービスなどの品質規定に広く適用されています．ITU-T SG9 は，ケーブルテレビジョンネットワークに関する研究をしている組織であり，そのミッションにはケーブルテレビジョンサービスの品質評価法に関する勧告の標準化が含まれています．また，放送サービスに関しては ITU-R SG6 が主管しており，とくに品質に関しては WP 6Q とよばれる Working Party を中心に検討されています．

マルチメディア通信品質評価法を確立するためには，ITU-T SG9 が検討している映像品質評価法と SG12 が検討している音声品質評価法の双方を統合する必要があること，また通信と放送の融合を視野に両分野の専門家が共同で品質評価技術の標準化に取り組む必要があることから，ITU-T 内に JRG-MMQA (Joint Rapporteurs' Group on Multimedia Quality Assessment) が，ITU-T/R 横断的に映像品質専門家会合（VQEG；Video Quality Experts Group）[3] が設立され，各組織の緊密な連携の下で国際標準化が進められています．

さらに，IPTV サービスの国際標準化を加速するため，ITU は 2006 年 4 月に 6 つの WG（Working Group）からなる FG-IPTV（Focus Group IPTV）を設立し，WG2（QoS and Performance）において品質全般の議論が行なわれています．具体的には，以下の 4 つの課題について審議されました．

- Quality of Experience Requirements for IPTV
- Traffic Management Mechanism for the Support of IPTV Services
- Application layer reliability solutions for IPTV
- Performance monitoring for IPTV

FG-IPTV は SG13 が主管（Parent Study Group）していますが，今後の勧告化に際しては，関連する SG，さらに IPTV-GSI が標準化を分担しています．この FG-IPTV および IPTV-GSI での具体的な動きについては，第 4 章で IPTV サービスと関連技術とあわせて紹介します．

3.2.2 IETF（Internet Engineering Task Force）

　IETF は，インターネットで利用される技術を標準化する組織で，TCP/IP などのインターネット上の技術やプロトコルなどの技術仕様を策定し，RFC（Request For Comments）として公開します。インターネットプロトコルの仕様を決めている組織と考えればよいでしょう。

　IETF では，サービス品質としておもに QoS に注目した議論がなされてきました。これは「ネットワークにおけるサービスの品質」を示し，狭義には通信帯域や遅延時間など定量的に表現できる性能を示します。ただし，エンドツーエンドの通信モデルに従って，具体的には通信アプリケーションの視点からの帯域，遅延値，遅延変動，パケットロスなどの値に相当します。また前述したように，IETF における QoS は，これら定量的なネットワーク性能の指標を制御するような技術も意味しており，ルーター間で帯域予約を行なう RSVP（ReSerVation Protocol）などのプロトコルを用いる技術や，IP パケットに付与されたクラス値や IP アドレス，ポート番号などで識別される「フロー」単位でパケットの優先制御を行なう DiffServ などの技術標準化が行なわれてきました。

　しかし，よりエンドユーザに近い，いわゆる本書で扱うところの QoE についての議論は，これまであまりなされていなかったのが現状です。最近になって，リアルタイム性が必要で，利用者がそのサービス品質に敏感な VoIP サービスなどが普及してきたため，おもにモニタリングの領域から，RAQMON（Real-time Application Quality-of-Service Monitoring）および RTCP-XR など既存プロトコルを拡張し，通信端末の状況を把握しつつトラフィック制御に活かすような枠組みが議論されています。

3.2.3 DSL フォーラム（DSL-Forum）[4]

　DSL フォーラムはその名のとおり xDSL の技術検討と普及促進を図るフォーラムで，もともとは ADSL（Asymmetric Digital Subscriber Line）の技術標準化団体として発足しました。アクセス回線という利用者に近い領域のネッ

トワークに関する標準化団体で，ホームネットワーク（家庭内部のネットワーク）も検討対象となっています。

DSLフォーラムでは，2006年12月にArchitecture & Transport Working GroupがTR-126（Technical Report 126）において，「Triple-play Services Quality of Experience（QoE）Requirements」[1]と題したレポートのなかでQoSとQoEの定義を行ない，QoEに着目したネットワーク（サービス）設計のプロセスやビデオ配信サービス，音声通信サービス，ウェブブラウジングやネットワークゲームなどのインターネット上のベストエフォートサービスを例にとって，QoEの構成要素やそれに基づくサービス設計のガイドラインを紹介しています。

そのなかで，QoEはユーザの視点からのサービスシステムの包括的性能であるとし，ユーザの要求を十分に満足させる指標であり，ユーザ視点のサービスレベルにおけるエンドツーエンドの性能を示す値であると位置づけています。MOS値（Mean Opinion Score）などの主観評価を代表的なQoEの評価値としながらも，サービスがダウングレードしている時間やアベイラビリティなどのサービス運用面での性能にも言及しています。その一方で，QoSはネットワーク視点の，たとえばパケットレベルの性能の観測値など客観的な評価基準であると定義しています。

QoEとQoSのあいだには強い相関があるものの，それは単純な線形の関係ではなく，QoEの見方によって変化し経験的なものであると述べていますが，QoSの値が与えられればユーザ視点のQoEを予測することは不可能ではなく，また目標とするQoEの値が与えられればネットワークにおけるサービスレベルの性能は推定可能であるとし，前述する具体的アプリケーションを例とした設計手順に言及しています。

3.2.4　3GPP（3rd Generation Partnership Project）

3GPPは，第3世代（3G）移動体通信システムの標準化プロジェクトです。

---

1) DSL-Forum Technical Report 126は参考文献3, 4のウェブサイトから閲覧可能です。

昨今，QoEを語る際によく引き合いに出されるアプリケーションとして，IPTVとVoIP，そして携帯電話を用いた無線のサービスがあげられます。その観点から，同団体の動向も見逃せません。

3.3 NGN（Next Generation Network）とQoE

　NGNとは，基本的にはIPをベースとする基幹通信回線網のことをさします。これまでの電話回線網に代わって，次世代のネットワーク基盤として標準化されたネットワークで，日本では2008年に実際のサービスが開始されました。

　IPを基本とするネットワークである点においては，これまでのインターネットサービスと変わりはありませんが，ポイントはNGNが基幹ネットワークであり，電話サービスはもちろんのこと，従来のインターネット上のサービス・映像配信などマルチメディア通信サービスを提供するための統一的なネットワークであるという点です。すなわち，キャリアプロバイダはこの新しい網を用いてさまざまなサービスを商売として提供するわけですから，サービスの品質は保証されていなければなりません。NGNの電話サービスは当然IP電話となりますが，従来の回線交換型の電話と同等以上の機能と品質を要求されることになります。

　ITU-Tの勧告Y.2001にあるNGNの基本概念は，ブロードバンドアクセス回線と大容量コア網による，端末間のQoSが保証できるネットワークであり，パケット通信による複数のサービスを統合可能なネットワークであり，パケット転送とサービス制御機能の分離，事業者間の相互接続，ローミングハンドオーバーの実現などモビリティについても言及されています。

　NGNの備えるべき特徴のひとつとしてエンドツーエンドのQoS保証の提供があり，サービスとしてのNGNはこれに加え，セキュリティやモビリティの提供も要求されることになるでしょう。NGNが基幹ネットワークとして実用化されたときには，通信アプリケーション，通信端末，家庭内のネットワー

ク，アクセス回線，基幹網すべてにわたってサービスの品質が管理され，ユーザ（＝お客様）に満足していただけるサービスを提供することが今後のネットワーク関連サービスビジネスのキーとなります．昨今の NGN の盛り上がりと同時に，通信サービスにおける QoE を意識した議論が盛んになってきているのもこのためでしょう．

通信のキャリアにとってみれば，単純にネットワーク内のパケット通信の品質を制御するだけでなく，サービスの設計・運用・保守すべてのフェーズで利用者と向き合い，満足いただけるサービスの提供に努めなければなりません．同じことは，NGN を使ってアプリケーションサービスを提供する企業にもいえます．そのためには，通信サービスにかかわるさまざまな要素をさまざまな角度から吟味し，どこをどう変えれば利用者にとっての QoE が向上するのかを考える必要があります．

3.4　通信サービスにおける QoE の位置づけと展望

従来，ユーザ視点の要求条件や満足度よりもネットワークの性能向上に重点を置いたネットワーク（サービス）の設計・運用を行なってきたキャリアやネットワークのサービスプロバイダの標準化団体においても，ユーザの体感品質である QoE を重視する動きが盛んになってきました．それは，インターネット時代のネットワークアプリケーションやサービスの多様化に起因するところが大きいですが，最終的に人対人のコミュニケーション手段を提供している企業としてはこれが本来の姿であるともいえるでしょう．

これまでネットワーク（サービス）設計においては，客観的に数値化が可能な QoS をベースとしてネットワークの設計・制御・運用が行なわれてきましたが，QoE はユーザの要求や満足度といった，あくまで主観的なものであるため，図 3.3 に示すようにその要因が多様であり，統一的かつ普遍的な取り扱いが困難です．

図を例にとって，ユーザがネットワークを介して映画などの映像をみている

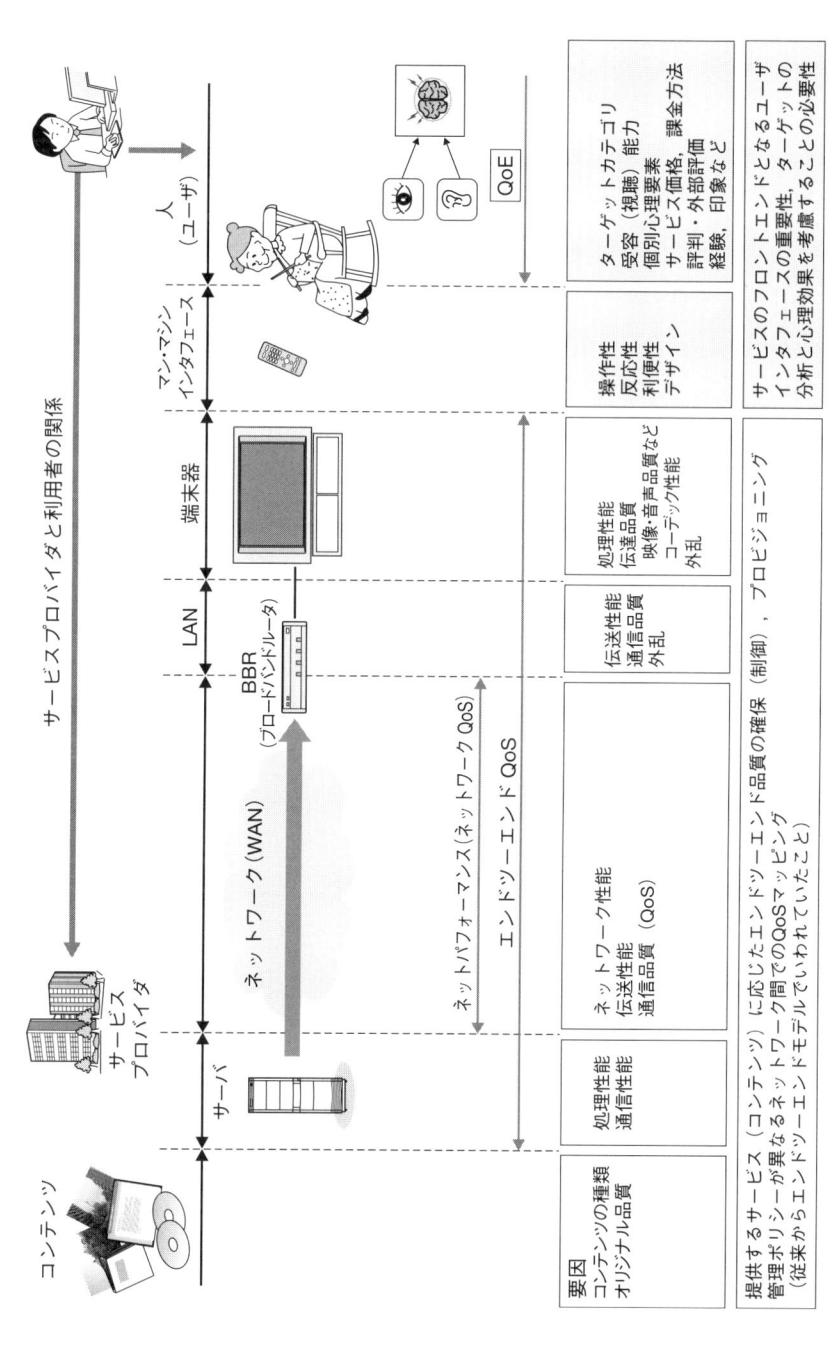

図 3.3 QoE にかかわる要因

3.4 通信サービスにおける QoE の位置づけと展望　27

状況を考えましょう。ユーザにとってのQoEを左右する要因として，まずはネットワークそのものの性能があげられます。この映像の配信に，十分な帯域がなく，遅延や遅延の揺らぎも大きく，エラー率やパケット落ちが頻繁に発生するようでは，セットトップボックス（STB）やTVなどの映像機器側でさまざまな補償処理を施しても，映像の乱れなどの品質低下は救いきれません。

まずは，最低限のQoSがネットワーク上で提供されている必要がありますが，キャリアの管理下にない，ユーザのLAN側で起こるQoSの低下をどのように扱うかという課題が残ります。また，ネットワーク外でも，映像ストリームなどを提供しているサーバの処理性能，映像機器そのものの機能や性能などもサービス品質に大きな影響を与えます。この場合では，映像の符号化・復号化の性能や，絵としての美しさなどの再生能力に相当します。現状のインターネットでも問題となっているウェブサーバを利用したサービスが，サーバ負荷が高いために反応が遅くなってしまう現象と同じです。

また，配信している映像コンテンツそのものがどのくらいのオリジナル品質をもっているか，どのような種類のものかによっても，ユーザのQoEは左右されます。スポーツなどの映像では動きのなめらかさが，また映画などでは色彩や音声品質が，また静止画では解像感がそれぞれ重視されるように，コンテンツの種類に応じた映像処理や伝送の方式についても考える必要があるかもしれません。また，ユーザ側の視点に立ってみれば，映像機器の操作性，反応性，デザインなどによってもこのサービスの使いやすさが変化します。ここは，マン・マシンインタフェースの領域となります。

結局のところ，QoEはユーザの主観によって判断されるものですから，視聴をしているユーザの特性，経験，個別の印象などユーザの内面的な要素，他のサービスとの比較や評判などの外部的な要素の心理的効果がユーザ本人にどのような経験をもたらしているかという点が重要です。また，サービス対価（コスト）の妥当性，サービス提供者とユーザの関係（SLA；Service Level Agreementなどの契約関係）も考慮に入れなければなりません。

ユーザが享受するサービス品質は，LANなどのユーザネットワークの状況

や通信端末の性能，通信アプリケーションの機能や性能，ユーザインタフェースの設計など，ユーザに近い位置にあるものほど影響が大きく多様性も高くなっていきます。これからの通信サービスは，ネットワークからユーザインタフェースまで含んだ設計・制御・運用の技術と，ユーザ（＝人）をシステムに取り入れた考え方が必須となるでしょう。

また，ネットワークサービスの観点からも，従来のように広帯域化や低遅延化などビットレベルの伝送性能の向上も重要ですが，今後爆発的に増加するであろう有線・無線で網に接続された多数の端末から目的の通信相手を選択するシグナリングの技術や，通信の盗聴やなりすまし，使用不能攻撃などを防御するネットワークセキュリティの技術などの向上も，利用者の満足度向上のためにネットワーク設計者が注目すべき事項でしょう。さらに，高機能化するネットワークのサービス機能を利用者のニーズにあわせて迅速にカスタマイズし，利用者の求めるサービスをつくりあげる技術も必要です。

これからのネットワーク（サービス）設計には，工学の領域のみならず，社会学や心理学など非常に学際的な知識を要するものと考えられます。また，高度化するネットワークを管理・制御・運用し，柔軟に発展させていく工夫も必要となってくるでしょう。

3.5 まとめ

本章では，通信サービスにおける QoE について考えました。通信サービスの世界には，サービス品質としての QoS という概念があります。QoS と QoE の関係は図 3.4 に示されるような，家全体（QoE）とその大黒柱（QoS）との関係に似ています。

ネットワークキャリアが提供する通信サービスの QoS はパケットの帯域や遅延などのパラメータですが，この品質をどんどん高くしていっても QoE 全体からみればサービスコストばかりがかさみ，あまり意味がない状況になるかもしれません。かといって，これら基本的なネットワーク性能が低すぎると，

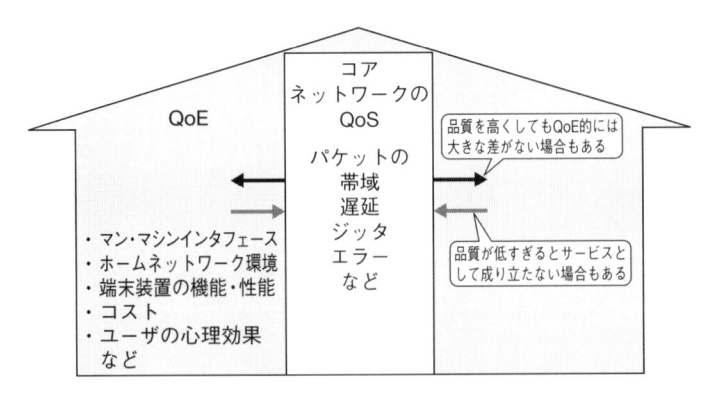

図 3.4　QoS と QoE

　端末の機能・性能やマン・マシンインタフェースを工夫してもサービスとして成り立たない状況になってしまいます。ユーザが本当に求めているものは何なのかをよく理解し，ユーザにどのようなサービスの体験をしていただくかを考えるためには，家全体のバランスをみてサービスの設計・運営をすることが必要です。

　第 4 章では，具体的なアプリケーションとして IPTV を例にあげ，その QoE について考えます。

参考文献

［1］　ITU-T Recommendation P.10/G.100（2006）
［2］　ITU-T Recommendation E.800（2008）
［3］　http://www.its.bldrdoc.gov/vqeg/
［4］　http://www.broadband-forum.org/
［5］　ITU-T Recommendation Y.2001　General overview of NGN

第4章 IPTV サービスにおける QoE

4.1 IPTV の定義と各国の状況

本章では，これまで説明した QoE（Quality of Experience）について，IPTV を題材として考えてみたいと思います。IPTV サービスの QoE を検討するためには，IPTV サービスがどのようなサービスで，またどのようなケースでどのような利用者層に利用されるのかといった環境を把握することが必要です。そこでまず，IPTV の各国の状況を紹介します。

IPTV とは，ネットワークを介して映像や音響，さまざまなデータを一般家庭に提供するサービスです。国際標準化団体である ITU（International Telecommunication Union）のフォーカスグループ IPTV では，以下のように定義されています。

> IPTV is defined as multimedia services such as television/video/audio/text/graphics/data delivered over IP based networks managed to provide the required level of QoS/QoE, security, interactivity and reliability. IPTV is not television over IP, it is much more.

日本でも，IP を基本とした方式で，Flet's 網などの閉じられたネットワークを用いて，STB などを介して通常のテレビで視聴可能な映像配信サービスをさすことが一般的になってきています。そのため，ひかり TV，BBTV，KDDI 光プラスは IPTV サービスとされますが，BROBA，GyaO などのインターネット網を経由した映像配信については，伝送品質を管理されたネットワークで配信されないため，IPTV とはよばれないことが多いようです。

初めて IPTV サービスを実施したのは，イタリアの FASTWEB といわれて

います．FASTWEB は 1999 年 9 月に設立され，2000 年には個人ユーザ向けのトリプルプレイサービス（インターネット，電話，映像配信）を開始しました．FASTWEB はさらに，2001 年には観たいとき，必要なときにいつでも視聴できる VOD（Video On Demand）サービスを，2003 年には TV サービスを開始しています．

　欧州では，FASTWEB のほかにも，英国のキングストン・コミュニケーションズ，ビデオネットワークス，フランスのフリー，フランステレコム，ヌフテレコムなどがトリプルプレイサービスを提供しており，現在，欧州でもっとも IPTV が普及しているのはフランスだといわれています．フランスでは現在，200 万以上の世帯が IPTV サービスと契約しています．これは，ケーブルテレビ，衛星放送サービスともに伸び悩んでいたなかで，トリプルプレイサービスの割安感がアピールしたものと考えられています．

　これに対して古くから CATV が普及していた米国では，Verizon が 2005 年にサービスを開始して約 35 万の加入者を，また AT&T が 2006 年にサービスを開始して約 5 万の加入者を集めていますが，欧州各国と比較すると加入者数が少なく，出遅れているようです．米国の IPTV の特徴として，伝送媒体として光ファイバーを用い，300 を超える大量のチャンネルを有し，またとくにより高精細な HD（High Difinition）で放送するチャンネルを数多くもっており，さらに同時に受信可能なチャンネル数が多いという点があげられます．

　一方，アジアでは，とくに香港においてめざましい普及を遂げています．香港では 2003 年から PCCW がサービスを開始し，70 万以上のユーザを獲得しています．また，中国でも通信キャリアやテレビ局を中心にさまざまなサービスが開始されつつあり，そのためのインフラ整備も進められています．法整備の問題なども含めてまだまだ前途は多難な状況ですが，人口の多さなども含め今後の発展が期待される市場であることはまちがいありません．

　日本では，ひかり TV，ひかり One，BBTV の 3 サービスが行なわれています．各社のサービスはおおむね類似しており，TV サービスと VOD サービスを中心に，カラオケなどの付随サービスを提供することが多いようです．

NTT ぷららの提供するひかり TV では，そのメリットとして，

- 専用リモコンによる簡単な操作
- DVD でレンタルしていた映画や，CATV などで視聴していた多チャンネル放送など，さまざまなサービスを統合
- ライフスタイルに合わせた人気番組を選りすぐりで提供
- 多彩な VOD とりそろえで，観たいコンテンツがすぐに観られる
- ひかり TV 対応テレビ，もしくは，ひかり TV 対応チューナーを接続するだけで簡単に設置

をあげています。

　その他の各社も，多チャンネルおよび多彩な VOD によっていつでも観たいコンテンツを視聴することができるとか，アンテナの設置などの面倒な設定をすることなく視聴できる点などをメリットとしてあげています。日本の大きな特徴の，大型液晶テレビと光ファイバーの高い普及率とあいまって，今後 IPTV の普及に大きな期待が寄せられています。

4.2 IPTV の構成

　4.1 節で，各国の IPTV の状況について簡単に説明しました。各国では法的な制約も背景も異なりますが，多くのコンテンツを提供することで観たいときに観たいコンテンツが視聴可能であるという点は共通する特徴です。

　この IPTV に共通するサービスを行なうもっとも基本的な構成について図 4.1 に示します。これは，ITU-T FG-IPTV（Focus Group IPTV）で議論された IPTV の品質モニタリング文書[1]を基にしています。品質モニタリング文書では，IPTV を，コンテンツプロバイダ，サービスプロバイダ，ネットワークプロバイダ，エンドユーザの 4 つのドメインに分けています。そして，コンテンツプロバイダがもつコンテンツを，サービスプロバイダが，ネットワークプロバイダのもつネットワークを介して，エンドユーザに届けるという構成になっています。ただし，これはあくまでも概念的なもので，形態によっては，

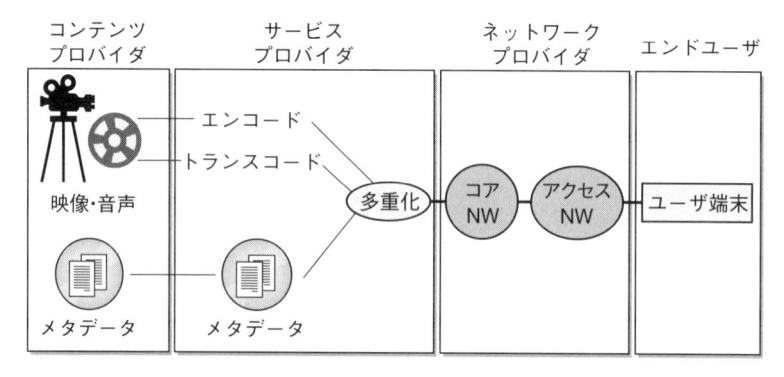

図 4.1　IPTV サービスの基本構成

コンテンツホルダーとサービスプロバイダが同一であったり，サービスプロバイダとネットワークプロバイダが同一であったりという可能性はあります．各ドメインの機能についてもう少し詳しく見てみたいと思います．

●コンテンツプロバイダ　　コンテンツプロバイダは，映像や音などのソースと，それに付随するメタデータを提供します．コンテンツプロバイダの提供する映像や音は，ネットワークで伝送され，最終的にエンドユーザに届けられます．

●サービスプロバイダ　　サービスプロバイダは，IPTV サービスを行なう事業者です．コンテンツプロバイダから提供される映像をトランスコードしたり，メタデータを多重化して送出したり，ユーザサポートを行なったりする，IPTV サービスを提供します．

●ネットワークプロバイダ　　ネットワークプロバイダは，IPTV のネットワーク部分を提供します．IPTV では，ストリーミングメディアを扱うため，従来のウェブサービスと比較して安定した，エラーの少ないネットワーク伝送が求められます．

●エンドユーザ　　エンドユーザは，映像を視聴したり，チャンネルを選択したり，さまざまな操作を行ないます．そして，主観評価を行なうのはまさにエンドユーザです．図 4.1 のモデルにおいて，とくにエンドユーザの機能と考

えられるのはユーザインタフェースです．つまり，音量を調整したり，多くのコンテンツのなかから好みのコンテンツを選択したり，録画の予約をしたりという日常行なう操作や購入直後の初期設定など，まさにシステムの主役といえるでしょう．

IPTVのドメインごとの機能について考えを示しましたが，技術的にIPTVの品質のモニタリングを考えた場合，上記の各ドメインに区切って，ドメインごとの品質を検討することは重要です．また，ドメインごとに事業者が異なることを考えても，ドメインの考え方は重要です．しかしながら，QoEの観点における品質の評価ではドメインをまたがった横断した検討が必要です．これを，映像の品質を例にとって説明します．

映像の品質を考えた場合，まずオリジナルの品質，すなわちコンテンツプロバイダの保有している映像の品質を考える必要があります．さらに，サービスプロバイダは，コンテンツプロバイダの映像をトランスコードしたり，映像と音響を重畳させたり，さらにはメタデータを多重化させたりします．そのため，サービスプロバイダの送出する映像の品質も同時に考える必要があります．

さらに，サービスプロバイダの送出する映像は，ネットワークプロバイダを介してエンドユーザに届けられます．ネットワーク伝送時には伝送遅延やパケットロスが発生し，映像データを欠損させる恐れもあります．したがって，ネットワークの品質を考えることが不可欠です．また，端末での再生においても，端末の操作性や画面レイアウトによって映像の印象が変わり，結果として主観的な映像品質に影響を与えます．このように，映像の品質ひとつとっても，コンテンツプロバイダ，サービスプロバイダ，ネットワークプロバイダ，エンドユーザといった4つすべてのドメインにまたがってしまいます．

IPTVサービスを受信するユーザにとってはどうでしょうか．映像が乱れているときに，ネットワークプロバイダがトラブルを起こしているのか，サービスプロバイダがトラブルを起こしているのか，はたまた受信機がトラブルを起こしているのか，どのように判断すればよいでしょうか．現行のTV放送とは

異なった複雑にシステムと事業者が絡み合った新しいサービスでは非常にむずかしいでしょう。

QoE の考え方では，コンテンツプロバイダからエンドユーザにいたるまですべての影響を加味した結果を，ユーザのエクスペリエンスととらえ，ユーザが享受する主観的な品質を評価します．IPTV サービス全体としての品質を主観的に評価するときに，大きな影響を与えるであろう要素を考えてみると，

- 映像の品質
- ネットワークの品質
- ユーザインタフェースの品質
- 保守運用の品質

が大きな要素になります．

IPTV は映像を視聴するサービスであるため，映像の品質が重要であることは自明でしょう．また，ネットワークを介して映像を配信するサービスのためネットワークの品質も重要です．さらに，ますます多チャンネル化し，大量の VOD コンテンツが存在する環境で，リモコンなどの制約されたユーザインタフェースを用いて操作を行なうことを考えると，ユーザインタフェースの品質について考えることも重要です．加えて，頻繁に障害が発生するようなことがあると，サービス全体の品質はいちじるしく低下します．同時に，IPTV では，通常のテレビ放送に加えてネットワークの要素が新たに加わっているため，問題発生時の障害箇所の特定が困難になる可能性があります．このようなことから，保守運用に関する品質も重要であるといえます．

4.3　映像の評価

IPTV にとって，映像と音（オーディオ）はサービスの主体です．そのため，映像・オーディオメディアの品質について検討することは非常に重要です．では，映像・オーディオの物理的な特性が高ければ高いほど，これらメディアに関する QoE は高くなるのでしょうか．たとえば，フレームレートにつ

いては人間の知覚の限界は 120 fps といわれています．つまり，120 fps 以上のフレームレートを提供しても，人間が知覚したときの品質は向上しません．解像度についても同様に知覚の限界があります．さらに，この知覚特性はコンテンツの特徴にも依存します．

また，ひとくちに「映像の品質」といっても，蓄積されている映像そもそもの品質だけでなく，ネットワークを介して配信された映像の品質も検討する必要があります．ネットワークを介して配信された映像では，元の映像の符号化品質（情報量圧縮によって生じる映像の劣化をとらえた品質）だけでなく，遅延や遅延揺らぎ（ジッタ），パケット損失率などが映像に与える影響を考える必要があります（図 4.2）．

もっとも基本となる映像品質の評価方法は，主観評価です．しかしながら，主観評価のためにはたくさんの被験者に多くの映像・オーディオサンプルを評価してもらう必要があり，時間的にもコスト的にも実施が困難な場合があります．とくに，サービス提供中（インサービス）に品質を自動的に監視し管理する場合には，主観評価は適用できません．そこで，通信の物理的な特徴（遅延やパケット損失率などのパラメータや映像・オーディオ信号そのものなど）を用いて主観評価を推定する技術が研究されています．ここでは，映像・オーディオの主観品質評価法および客観品質評価法の概要を説明します．

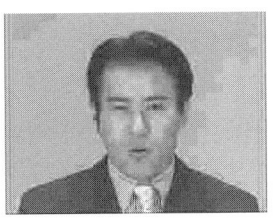

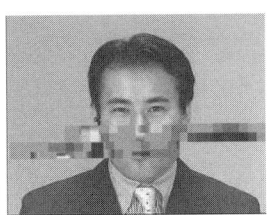

原画　　　　　　　符号化劣化　　　　　　パケット損失劣化

図 4.2　映像品質の劣化

4.3.1 主観品質評価法

　映像・オーディオの主観品質評価は，被験者にメディア信号を視聴してもらう視聴覚心理実験によって行ないます。ここで，評価する対象の品質を普遍的に評価するためには，さまざまな配慮が必要です。

(1) 音響／観視環境の制御

　オーディオの品質を評価する際には，十分な遮音特性のある専用の評価ブースが必要となります。たとえば，周囲の騒音が聞こえてしまう部屋でオーディオ品質を評価しても，普遍的で正しい評価はできません。映像の評価においても同様に，部屋の照度などを一定値に設定可能な評価ブースが必要です。図4.3は，オーディオ品質を評価するブース（左）と映像・マルチメディア品質を評価するブース（右）の例です。また，評価に用いる受視聴機器（オーディオの場合はヘッドフォンやスピーカ，映像の場合はディスプレイ）も，国際標準で決められた特性を有するものを用意しなければなりません。そうでなければ，オーディオ品質が悪いと評価されても，評価対象のメディア信号の品質が悪いのか，評価に用いている受聴機器の特性が悪いのかを判断できません。

(2) 実験の枠組みの影響の排除

　主観品質評価は人間の知覚・認知特性の評価であるため，さまざまな外部／内部要因の影響を受けますが，そのうち見過ごされやすい要因が「実験の枠組

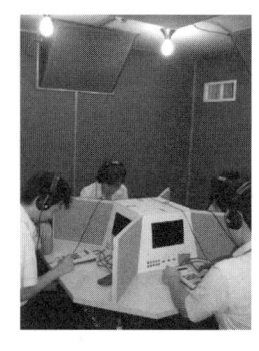

図 4.3　映像・オーディオの主観品質評価を行なう評価ブースと評価風景

みの影響」です。たとえば，ある映像信号を評価することを考えてみます。評価実験では，数多くの映像信号の評価を順番に行ないます。この全体の品質バランスのことを「実験の枠組み」とよびます。まず，非常に高品質な映像ばかりが含まれた枠組みを想像してみてください。皆さんはきっと劣化に敏感になり，ちょっとした劣化でも「非常に悪い」と判断されるでしょう。一方，非常に品質の低い映像ばかりが含まれた枠組みの場合，少々の劣化には慣れてしまうので「普通」と判断するかもしれません。つまり，枠組みのちがいによって，同じ映像サンプルの評価値が変動してしまうわけです（図 4.4）。これは，評価の普遍性という観点からは大きな問題です。つまり，異なる評価実験で得られた評価値を相互に比較することができないからです。そこで，このような実験の枠組みの影響をなるべく抑えるための方法が検討されてきました。

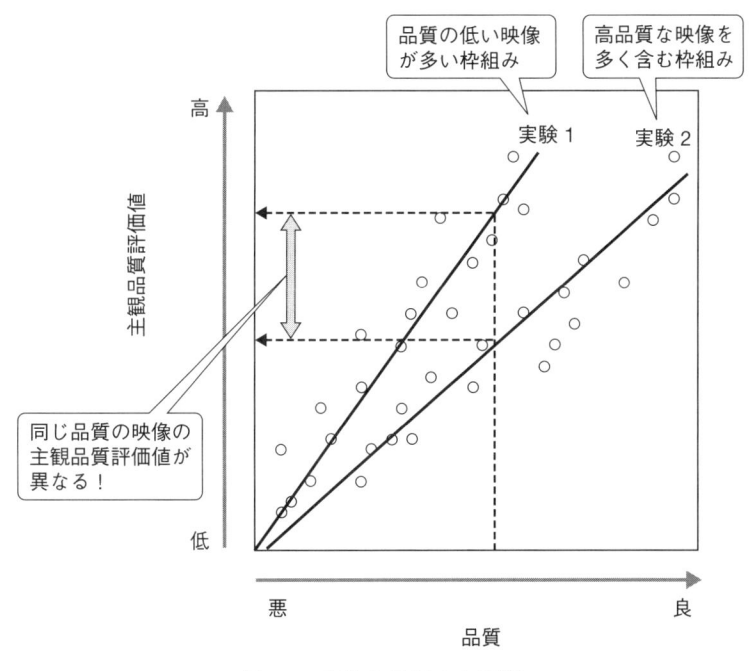

図 4.4　実験の枠組みの影響

4.3 映像の評価　39

(3) レファレンス条件による枠組み規定

電話音声の主観品質評価においては，評価実験における評価値の変動範囲を，品質を制御可能なレファレンス条件によって規定することが提案されています。このときにレファレンス条件として用いられるのが，ITU-T 勧告 P.810 [2] によって規定される MNRU（Modulated Noise Reference Unit）です。MNRU は，音声信号の振幅に比例して雑音（ガウス性白色雑音）を加える装置で，音声の品質は加える雑音と元の音声のパワー比（SNR；Signal-to-Noise Ratio）によって決まります。SNR を制御することは比較的簡単ですので，MNRU を使えばさまざまなレベルの劣化が加わった音声をつくり出すことができます。そして，評価実験に SNR が非常に悪いものから非常によいものまでをバランスよく加えることによって，実験の枠組みをある程度規定することができます。映像品質の評価においても同様のアプローチが考えられ，そのフレームワークは ITU-T 勧告 P.930 [3] として標準化されていますが，具体的なアルゴリズムは規定されていないため，今後の研究が期待されます。

(4) 相対評価

実験の枠組みの影響を抑えるもうひとつの手法は，相対評価を行なうことです。主観評価は大きく，絶対評価と相対評価に分類されます。前者は，評価対象とする信号（映像やオーディオ信号）のみを視聴して，その品質を文字どおり絶対判断します。これに対して後者は，評価対象信号と基準信号を比較して，その相対的な品質感を評価します。基準信号としては，原信号を用いる場合（後述の DSCQS 法など）や上述のレファレンス信号を用いる場合，さらには比較対象とする信号そのものを用いる場合があります。実験の枠組みによって，個々の信号の絶対的な品質感が異なる場合にも基準信号との相対的な品質感は比較的安定するため，再現性のある評価結果が得られやすいことが知られています。

(5) 順序効果の排除

前述の実験の枠組みの影響にも関係しますが，ある信号の評価を，非常に悪い映像の次に行なった場合と，非常によい映像の次に行なった場合とでは，評

価値が変わってきます．ですから，つねに同じ順序で評価を行なうと，特定の信号の評価に有利／不利になってしまいます．そこで通常，主観品質評価では評価する信号の提示順序を乱数で決定して，なるべく異なる順番で実験をくり返すようにします．

(6) 被験者の影響の軽減

評価実験に参加する被験者の感覚のちがいも評価値に影響します．通常，主観品質評価では，被験者の男女比や年齢分布をなるべく均等にし，被験者数を多くすることで，特定の性別・年代・個人の嗜好によって評価結果が決まらないように配慮します．テレビジョン映像の主観品質評価法を定めたITU-R勧告BT.500[4]においては被験者数を最低15人，高品質オーディオの主観品質評価法を定めたITU-R勧告BS.1116[5]では20人を目安にすることが推奨されています．もちろん，被験者数は多いにこしたことはないので，評価実験の規模・期間を考慮して設定することが好ましいことはいうまでもありません．

(7) 評価素材映像とタスクの統一

たとえば，ある映像符号化方式（コーデック）の品質を評価することを考えます．一般に，映像符号化方式は映像信号の冗長性を利用して情報量の圧縮を行ないますので，冗長性の低い評価素材映像を用いた場合とその逆とでは評価値が異なります．そこで，評価に用いる素材映像の標準化が重要になります．このような要請に応えて，ITU-Rでは標準動画像を勧告BT.802[6]やBT.1201[7]において提供しています．図4.5にサンプルを示します．また，

BT.1201 "Streetcar"　　　　BT.1201 "Baseball"

図 4.5　標準動画像の例

TV電話のような双方向サービスの評価では，会話タスクが品質に影響を与えます。たとえば，乱数の照合のように会話のやり取りの頻度が高いタスクで評価した場合には，遅延時間に対する評価感度が高くなります。評価タスクの設定についてはITU-T勧告P.920[8]などに記述されています。

このような観点で適切に設計された主観品質評価実験でも，評価の手順や尺度が共通化されていなければ意味がありません。この観点で，評価法／尺度の国際標準化が非常に重要であることはおわかりいただけると思います。そこで，以下に主観品質評価法／尺度に関する国際標準を紹介します。

電話サービスの評価においてもっとも広く用いられるのは，絶対評価であるACR（Absolute Category Rating）法のひとつであり，ITU-T勧告P.800に規定されるオピニオン評価法です。具体的には，日常電話を利用する立場から，音声の品質を5段階（「非常に良い　5」から「非常に悪い　1」まで）に評価します。評価結果は，平均評価値であるMOS（Mean Opinion Score）によって表現されます（図4.6）。

図4.7は，MOSの値と各評価カテゴリへの投票率の関係を表わしていま

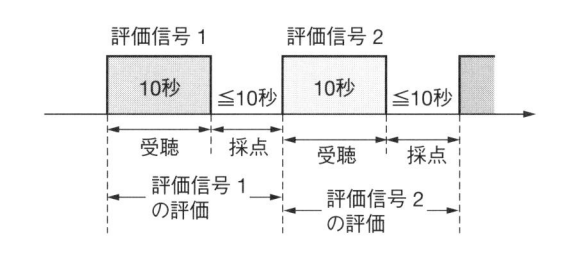

評点	評価語	
5	非常に良い	Excellent
4	良い	Good
3	普通	Fair
2	悪い	Poor
1	非常に悪い	Bad

図4.6　MOSによる評価

✓ MOS＝3.5　　「3：普通」以上と評価する人が約90%
　　　　　　　「4：良い」以上と評価する人が約50%
　　　　　　　「2：悪い」以下と評価する人が約10%
✓ MOS＝2.5　　「3：普通」以上と評価する人が約50%

【5段階品質尺度】
5：非常に良い
4：良い
3：普通
2：悪い
1：非常に悪い

○　「2：悪い」以上
△　「3：普通」以上
□　「4：良い」以上
◇　「5：非常に良い」

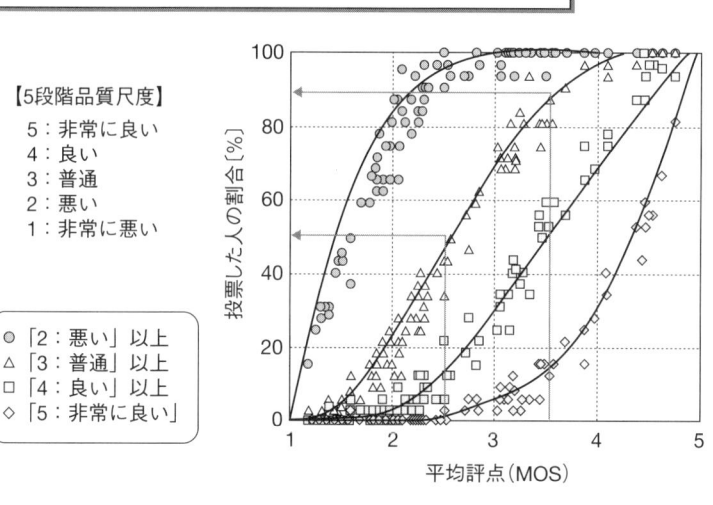

図 4.7　MOS の解釈

す。これによると，たとえば電話サービスの品質基準としてしばしば用いられる MOS ≧ 3.5 とは，品質が悪いと感じる人の割合を 10% 以下に抑えることを意味します。

ACR 評価は，映像品質の評価にもしばしば用いられます。たとえば，映像品質専門家会合（VQEG；Video Quality Experts Group）[9] がデザインする主観品質評価計画では，ACR-HRR（Hidden Reference Removal）法が用いられます[10]。この方法は，絶対評価された評価対象映像の MOS から，同じく絶対評価された基準映像（原映像）の MOS を引き，これに「5」を加えます。つまり，品質のよい映像では評価値が 5 に近くなります。このようにして求められる評価値を DMOS（Differential MOS）とよびます。

MOS を DMOS に変換するもっとも大きな理由は，原映像自体の品質が評価値に影響を与えないようにすることです。ACR-HRR は，原映像と評価対象

（劣化）映像を明示的に区別しないため，被験者はどれが原映像で，どれが劣化映像かわからないようになっています。その意味では絶対評価ですが，間接的に相対評価しているともいえます。

ところで，DMOS という言葉はしばしば混乱を招きます。なぜなら，原信号と評価対象信号を直接比較し，評価対象信号の品質を，「劣化がまったく知覚されない　5」から「劣化が知覚され非常に気になる　1」までの5段階に評価する DCR（Degradation Category Rating）法による評価値も，DMOS（こちらは Degradation MOS の略）とよばれるからです。ですから，DMOS という評価値を聞いたときには，どちらの評価法による評価値なのかを確認する必要があります。

一方，放送サービスの評価には，原映像と評価映像の評価値の差分で品質を表現する二重刺激連続品質尺度（DSCQS；Double-Stimulus Continuous Quality-Scale）法がもっともよく用いられます（ITU-R 勧告 BT.500-11）。DSCQS

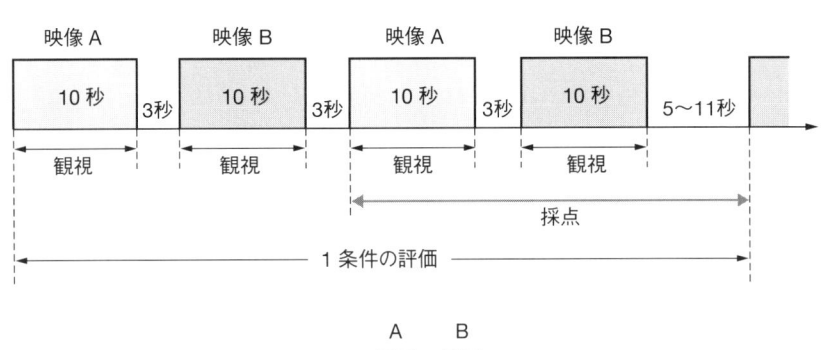

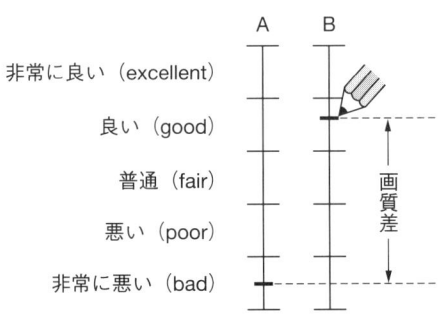

図 4.8　DSCQS による評価

法の評価手順を図 4.8 に示します。

　被験者には，映像 A と映像 B を交互に 2 回呈示します。このとき，一方が原映像で，もう一方が評価対象映像なのですが，どちらが原映像であるかは被験者には知らせません。最初の対の呈示では，被験者は観視に専念し，品質劣化の場所や程度を見極めます。そして 2 回目の呈示の際に，再度映像品質を確認しながら採点を行ないます。採点は，図に示すような評価スケール上に印をつけることで行ないます。評価スケールの横には「非常に良い」から「非常に悪い」までの評価語が示されます。いちばん上のバー（つまり非常に良い）に印がつけられた場合を 100，いちばん下のバー（つまり非常に悪い）に印がつけられた場合を 0 として点数を決めます。連続尺度ですので，たとえば「良い」と「普通」の中間に印をつけることも可能です。評価値（DSCQS 値とよぶ）は，原映像の得点から評価対象映像の得点を引いた値で表現されます。

　DSCQS 値の解釈は単純ではありませんが，目安としてたとえば放送における 2 次分配伝送（電波や CATV，NW などによる送信所から家庭までの伝送）の品質は，「75％の評価映像で DSCQS ≦ 12，すべての評価映像で DSCQS ≦ 30」とされています（ITU-R 勧告 BT.1122）[11]。

　このほかには，劣化の検知が困難な領域におけるオーディオ品質評価に用いられる DBTS-HR（Double Blind Triple Stimulus-Hidden Reference）法（ITU-R 勧告 BS.1116）[12] や CCR（Comparison Category Rating）法（ITU-R 勧告 BS.1284）/SC（Stimulus Comparison）法（ITU-R 勧告 BT.500-11），SDSCE（Simultaneous Double Stimulus for Continuous Evaluation）法（ITU-R 勧告 BT.500-11）[13] などがあります（表 4.1）。

　前述の実験の枠組みの影響に加えて，主観品質評価値の解釈をする際に気をつけなければいけないポイントとして，評価値の言語／文化依存性があげられます。つまり，異なる国や地域で行なわれた主観評価値は，しばしば絶対値がずれる（一方の評価値が一様に高く／低くなる）ことがあります。図 4.9 は，日本語，フランス語，カナダ英語，ドイツ語による電話音声の評価結果を比較したものです。符号化などの品質劣化条件は統一していますが，日本語の評価

表 4.1 主観品質評価法の国際標準

		絶対評価	相対評価	
	カテゴリ尺度	連続尺度	カテゴリ尺度	連続尺度
音声	P.800（ACR 法）	BT500 （SSCQE 法）	P.800（DCR 法）	
			P.800（CCR 法）	
オーディオ	BS.1284（ACR 法）		BS1284（DCR 法）	
			BS1284（CCR 法）	
			BS1116（DBTS-HR 法）	
映像	P.910（ACR 法）		BT500（DCR 法）	BT500 （DSCQS 法）
	BT500（SS 法）		BT500（SC 法）	BT500 （SDSCE 法）
			P.910（DCR 法）	
マルチメディア	P.911（ACR 法） P.920（ACR 法）※	P.911（SSCQE 法）	P.911（DCR 法）	

P.911 は片方向（受視聴）評価，P.920 は双方向（会話）評価。

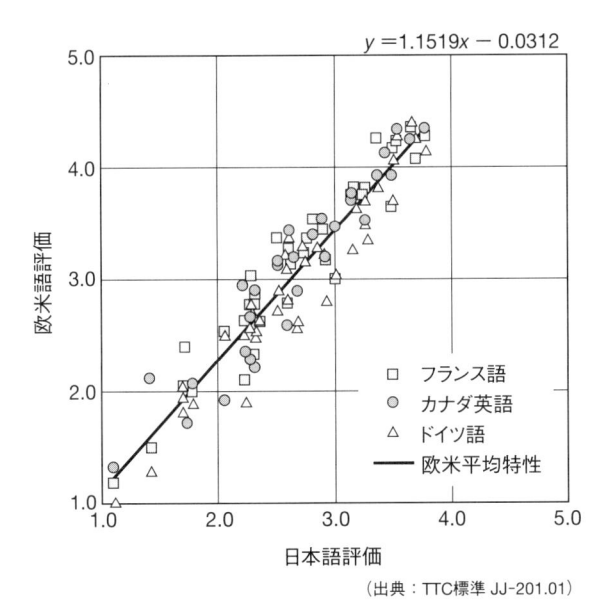

$y = 1.1519x - 0.0312$

図 4.9 MOS の言語・文化依存性

（出典：TTC標準 JJ-201.01）

におけるMOSは他の西欧言語に比べて明らかに低くなっていることがわかります。

この原因はいくつか考えられます。第1に，ACR法の評価語のニュアンスが言語によって微妙に異なっていることです。たとえば，日本語の「非常に良い」と英語の「Excellent」がまったく同じ意味で使われているとは考えにくいということです。第2に，文化的なちがいからカテゴリへの投票傾向が異なることが考えられます。たとえば，日本人は最高評価である「非常に良い」にはなかなか投票しないということが指摘されています。第3に，これは音声固有の問題ですが，言語がちがうのでそもそも評価する音声が異なり，同じ条件で劣化が生じても音声としての劣化の程度は異なるということです。これは本来評価されるべき事柄ですので，前述の2つの理由とは性質が異なります。いずれにしても，異なる言語・文化の被験者によって評価された結果を相互に比較する場合は注意が必要です。

4.3.2 客観品質評価方法

主観品質評価法は，ユーザに直接品質を評価してもらう方法であり，4.3.1項に述べたような点を考慮して適切な評価を行なうかぎり，もっとも信頼できる方法です。しかし，被験者による心理実験であることから，多大の労力と時間を要します。また，視聴条件を制御するための専用の評価設備（防音室，調光器など）を必要とするなど，必ずしも簡便ではありません。さらに，インサービス状態でのリアルタイム品質監視・管理への適用は基本的にはできません。以上のような問題点を解決するため，物理的な特徴量から主観品質を推定する技術が望まれます。これを客観品質評価法とよびます。

ここで注意しなければならないのは，客観品質評価とは，単なる物理特性，たとえば信号対雑音比（SNR）の測定・評価ではなく，あくまでも人間の知覚・認知特性（主観品質）を推定する技術である点です。客観品質評価法は，利用シナリオに応じていくつかの技術アプローチに分類することができます（表4.2）。

表4.2 客観品質評価法の分類

	メディアレイヤモデル	パラメトリックパケットレイヤモデル	パラメトリックプランニングモデル	ビットストリームレイヤモデル	ハイブリッドモデル
入力情報	メディア信号	(RTPなどの)パケットヘッダ情報	品質設計・管理パラメータ	ペイロード情報(復合化前)	(左記情報の組合せ)
主な評価目的	●システムパラメータ最適化 ●サービス実力把握	●インサービス品質管理	●品質設計 ●インサービス品質管理	●インサービス品質管理	●インサービス品質管理

(1) メディアレイヤモデル

　メディアレイヤモデルは，映像・オーディオメディア信号を直接入力として品質劣化を定量化することで主観品質を推定します。評価対象系に関する先見的な情報（たとえば符号化方式の種別など）を必要としないブラックボックスアプローチをとることから，製品やサービスの品質実力把握などに利用できる一方で，インサービス品質管理のようにメディア信号を取得することが困難な利用シーンには適用できません。メディアレイヤモデルは，レファレンスとなる信号の有無によって，さらに3つのカテゴリに細分化されます（図4.10）。

　フルレファレンス（FR）法は，原映像と劣化映像を比較することによって劣化を定量化します。メディアレイヤモデルのなかではもっとも正確な品質推定が可能なアプローチですが，たとえばリモートサイトでの品質測定では原映像を取得することが困難な場合があります。また，これまでレファレンスとして原映像を用いることが一般的でしたが，これからは，たとえばHDコンテンツをモバイル映像配信向けに変換（トランスコード）したときの品質評価などが重要性を増すと考えられますので，レファレンスに異なる映像解像度の符号化された映像を用いることのできるモデルの開発も望まれます。

　リデュストレファレンス（RR）法は，原映像から抽出された特徴量と劣化映像から品質を推定します。たとえば，原映像の特徴量をネットワークを介

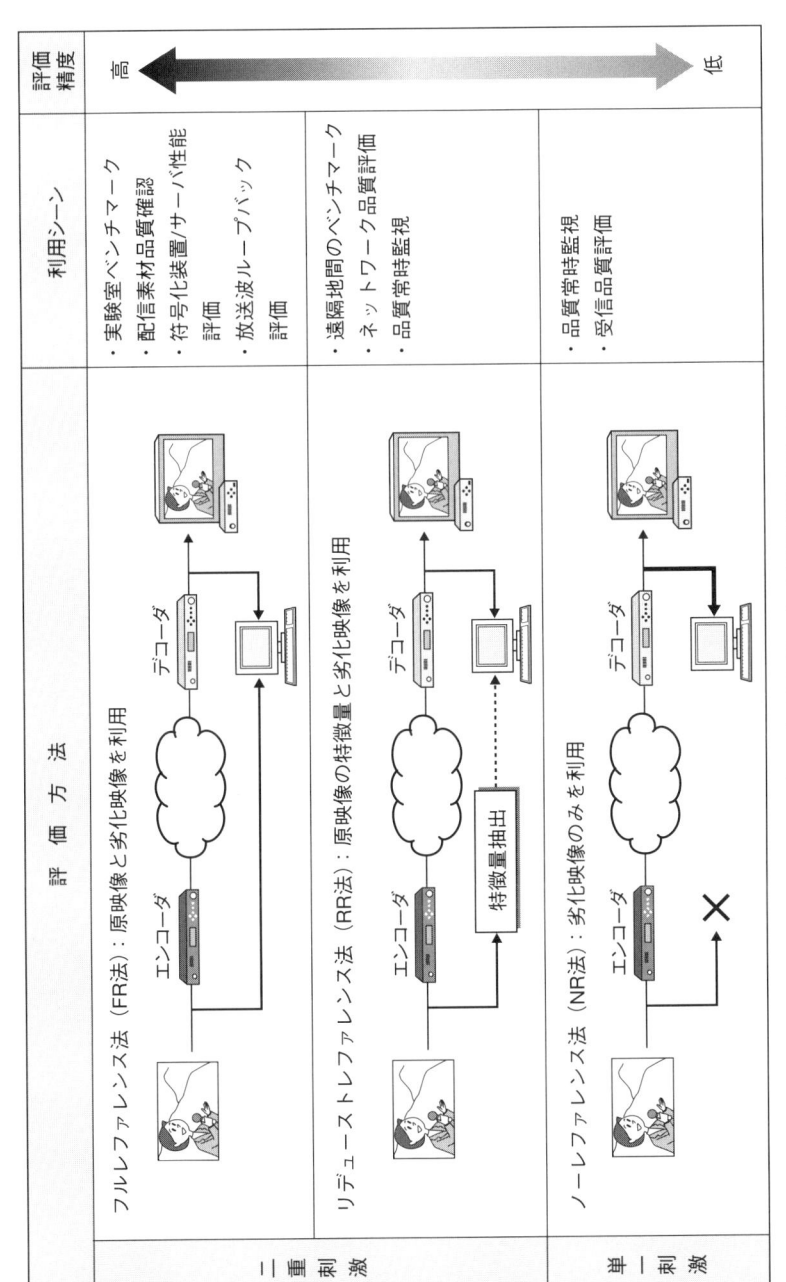

図 4.10 メディア信号を用いた客観品質評価法 (1)

4.3 映像の評価

して伝送することによって，リモートサイトでの評価を可能にします。

ノーレファレンス（NR）法は，原映像に関する情報を使いませんので，リモートサイトで受信した映像のみから品質を推定可能です。ただし，限られた情報を使ったアプローチですので，品質推定精度はFR法やRR法に比べて劣ります。

映像メディアレイヤモデルの性能評価は，ITUのVQEGにおいて行なわれています。これまで，SD（Standard Definition）規格のテレビジョン品質のためのモデルとして，ITU-T勧告J.144 [14] が制定されています。VQEGでは，複数提案された方式の一本化に至らず，J.144では複数案が併記されています。

オーディオのメディアレイヤモデルはITU-Rにおいて検討され，ITU-R勧告BS.1387 [15] として標準化されています。

(2) パラメトリックパケットレイヤモデル

パラメトリックパケットレイヤモデルは，RTPやRTCP，MPEG2-TS（Transport Stream）などのパケットのヘッダ情報に基づいて主観品質を推定します。メディア信号を復号化する必要がないことから，処理負荷が少なく，インサービス品質管理への適用が期待されています。しかし，限られた情報のみから品質を推定しているため，品質推定精度に関しては注意が必要です。とくに，映像・オーディオメディア品質のコンテンツ依存性を考慮した評価を行なうことは原理的に不可能です。

(3) パラメトリックプランニングモデル

パラメトリックプランニングモデルは，ネットワークや端末の品質設計・管理パラメータ（たとえば，符号化ビットレートやパケット損失率など）を入力として主観品質を推定します。前述の2つのモデルは評価対象系がすでに存在する場合にのみ適用可能であるのに対して，本モデルはサービス企画段階における品質設計に適用できる点が長所です。ただし，たとえば符号化方式等に関する先見的な情報を必要とするグラスボックスアプローチであることから，未知の方式の評価には適用できないという短所があります。つまり，符号化方式

ごとに主観品質評価特性をあらかじめ求め，データベース化しておく必要があります．

IPTV を対象とした標準は現在 ITU-T SG12 において研究中ですが，TV 電話／会議サービスを対象としたモデルは ITU-T 勧告 G.1070 [16] として標準化されています．G.1070 は IPTV 対応モデルの基礎になると考えられていますので，このモデルの概要を紹介したいと思います．

図 4.11 は，G.1070 が規定するパラメトリックプランニングモデルのブロック図です．このモデルはプランニングツールですので，サービスの利用環境についてある程度の仮定を設ける必要があります．たとえば，端末の映像表示特性であるモニタサイズやモニタ解像度などです．また，サービスを利用するユーザの目的も品質に影響を与えますので，モデルは特定の会話タスクを想定してそのときの品質を推定します．たとえば，同じ遅延時間の条件でも，日常会話をしているときと株式の売買をしているときとでは品質は大きく変わってとらえられます．

モデルに入力するパラメータは，ネットワークや端末の設計・管理に関係する品質パラメータです．たとえば，エンドツーエンドの遅延時間やネットワークにおけるパケット損失率，符号化ビットレートなどです．これらの入力に基づいて，モデルは映像品質と音声品質を推定します（図中の映像品質推定関数または音声品質推定関数）．ここで重要なことは，たとえば同じ符号化ビットレートであっても，符号化方式によって映像やオーディオの品質は異なるという点です．つまり，ビットレートと主観品質は一対一に対応しないということです．

そこで，G.1070 では符号化方式ごとにモデルの係数を変化させます．つまり，符号化方式ごとに最適なモデル係数（計算式の係数）を用意しておき，これを選択的に用いることで，その符号化方式に合った主観品質を推定するというアプローチをとっています．符号化方式ごとのモデルの係数テーブルを求めるためには主観品質評価を行なう必要がありますが，前述のメディアレイヤモデルが確立すればこの作業を自動化することができます．

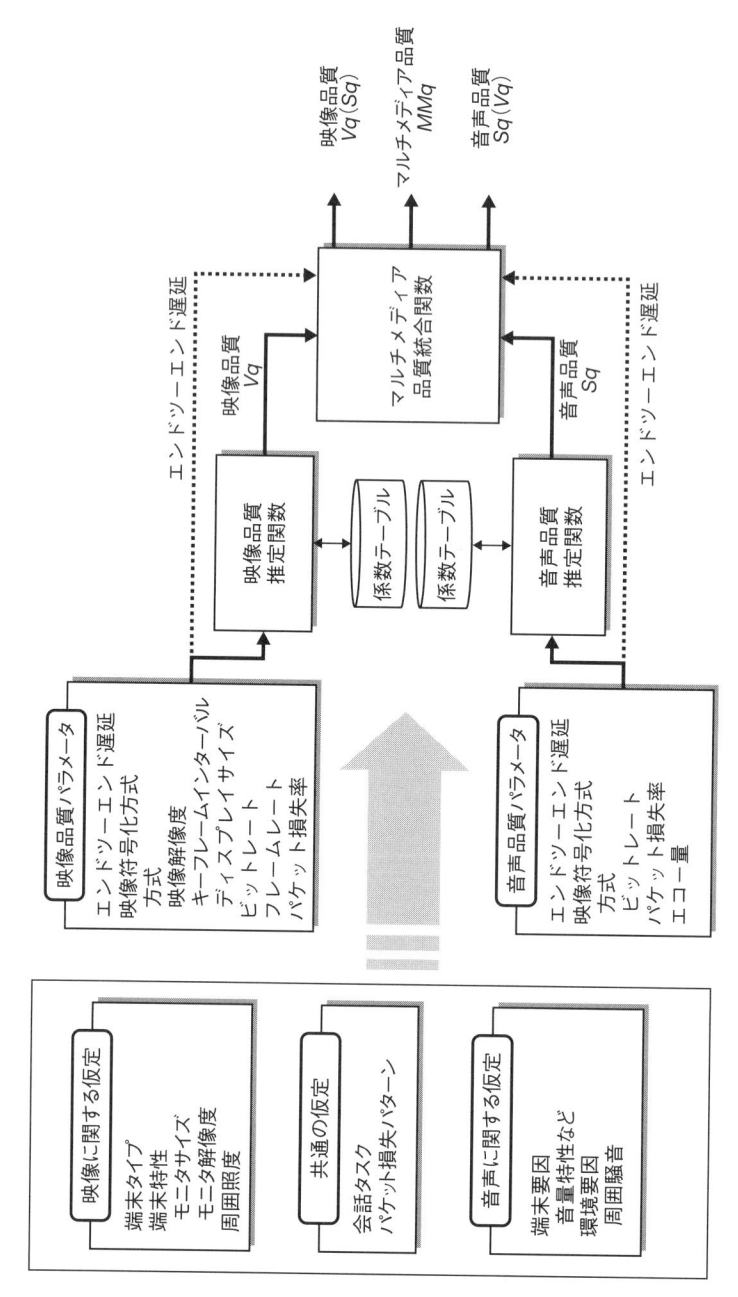

図 4.11 メディア信号を用いた客観品質評価法 (2)

映像品質・音声品質の推定結果とエンドツーエンド遅延時間を入力として，総合的なマルチメディア品質を推定するのがマルチメディア品質統合関数です．ここでは，映像・音声メディアの品質のバランス，映像・音声の相対的な遅延時間差（いわゆるリップシンク）などを加味して総合品質を推定します．
　このモデルを使って推定した主観品質と，実際に ACR 法を使った主観品質評価試験によって求められた実測主観品質の関係を図 4.12 に示します．これによると，推定した品質は実測の主観品質とよく対応していることがわかります．つまり，このモデルを使うことにより，主観品質評価を行なうことなく，サービスの品質を机上でシミュレートすることができるのです．

(4) ビットストリームレイヤモデル

　ビットストリームレイヤモデルは，パケットのペイロード情報（復号化前の符号化ビット系列情報など）を用いたモデルであり，最近とくに注目されています．ビットストリームレイヤモデルとメディアレイヤモデル，パラメトリックパケットレイヤモデルの関係をプロトコルスタックとの関係で図 4.13 に示

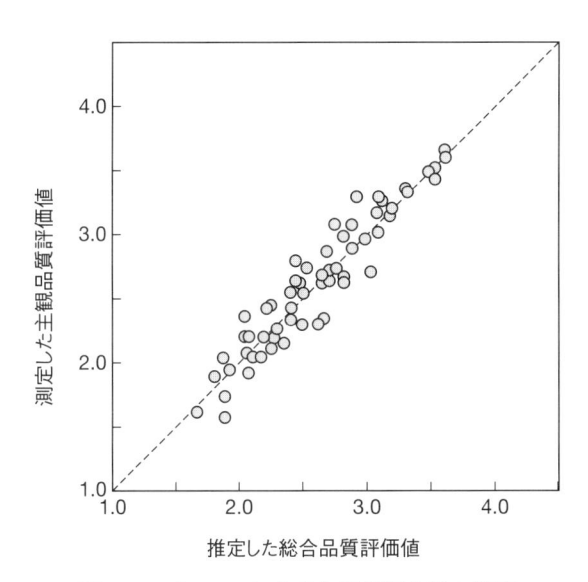

図 4.12 G.1070 による主観品質の推定精度

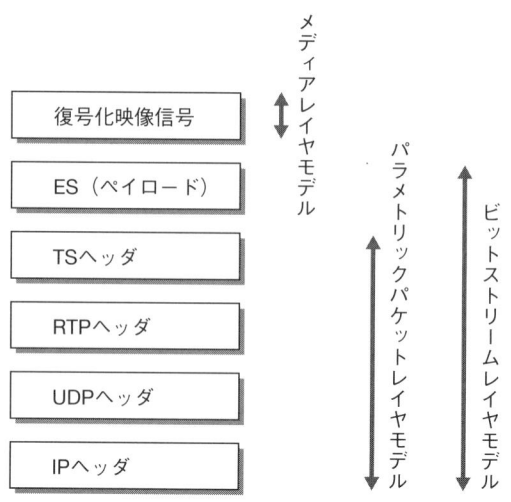

```
            ┌─────────────┐    ↕ メ
            │ 復号化映像信号 │      ディ
            └─────────────┘      ア
            ┌─────────────┐      レ     パ
            │ ES（ペイロード） │      イ     ラ
            └─────────────┘      ヤ     メ      ビ
            ┌─────────────┐      モ     ト      ッ
            │ TSヘッダ      │      デ     リ      ト
            └─────────────┘      ル     ッ      ス
            ┌─────────────┐            ク      ト
            │ RTPヘッダ     │            パ      リ
            └─────────────┘            ケ      ー
            ┌─────────────┐            ッ      ム
            │ UDPヘッダ     │            ト      レ
            └─────────────┘            レ      イ
            ┌─────────────┐            イ      ヤ
            │ IPヘッダ      │            ヤ      モ
            └─────────────┘            モ      デ
                                        デ      ル
                                        ル
```

TS：Transport stream, ES：Elementary stream

図 4.13　プロトコルスタックと各モデルの関係

します。

(5) ハイブリッドモデル

　ハイブリッドモデルは，メディアレイヤ，パラメトリックパケットレイヤ，ビットストリームレイヤ，パラメトリックプランニングモデルを組み合わせることで，簡易にかつ精度よく主観品質を推定するアプローチであり，おもにインサービス品質管理などにおいて取得可能な情報を最大限利用するためにとられる方法です。

4.4　ネットワーク伝送の評価

　IPTVでは，映像がネットワークによって伝送されるため，ネットワーク品質を評価することも非常に重要です。ここでは，その評価方法について説明します。

4.4.1　QoE-QoS-NP の品質階層

サービスの体感品質（QoE）を定義し，適切に目標設定したら，次にはその目標をいかに実現するかが問題となります．そのためには，サービスの品質劣化要因を抽出し，QoE との関係を調べることや，サービスを構成する要素（たとえば，ネットワーク，端末）と品質劣化要因との関係を明確にし，QoE の設定目標の実現に適するように，要素ごとの品質や性能を定めることが必要です．この関係を模式的に示したのが図 4.14 です．

4.4.2　通信サービスという側面で QoS/NP の枠組み

IPTV や電話などの通信サービスは，ベアラサービスとテレサービスに分類されます．ベアラサービスとは，UNI-UNI 間の情報転送サービスのことで，伝達サービスともよばれます．テレサービスは，ベアラサービスを利用して端末間の通信系全体でユーザが利用するサービスで，具体例としては電話サービスやテレビ会議，IPTV などの映像配信などがあります．

ベアラサービスの品質がネットワーク品質（Network Performance）で，またテレサービスの品質が QoE または QoS で，それぞれ規定できます．QoE は，ユーザがそのサービスを利用してどの程度満足しているかを示すもので，人間の知覚要因やサービスの利用目的，利用経験，利便性，料金などのさまざまな要因を総合した主観的な満足度の尺度です．QoE は，ネットワーク要因のほかに，音声や映像情報の符号化方式や映像を見るモニタ画面の大きさなどをはじめとする端末要因が影響します．

代表的なテレサービスである電話サービスや IPTV サービスを例に，このような品質の枠組みを説明します．

(1) ネットワーク品質

ネットワーク品質について国際標準機関 ITU-T では，ISDN や ATM，さらには IP を利用した多様な通信サービスに対応して，次に示す体系的なネットワーク品質の規定を ITU-T 勧告 I.350 [17] で与えています．

まず，ユーザが通信サービスを利用する過程を，①通信の接続（access），

QoE主観品質 (MoS, サービス満足度, サービス選択率)
- 料金
- 利用目的/期待効用(価値)
- 代替サービスとの差
- 利用者特性(性別, 年齢, サービス利用経験)
- 人間の知覚要因(検知眼, 許容眼)

QoE/サービス品質(サービスの品質劣化要因：音声や映像の品質, 応答時間, アクセス拒否)
- コンテンツ：分野, 動き/絵柄特性, 音楽の有無
- 提供形態：ライブ放送/VoD
- 符号化方式：MPEG2/4, フレームサイズ, 符号化速度
- 廃棄/劣化補償制御
- 転送方式：UDP/ TCP/ HTTP

構成要素の品質：端末の品質, ネットワークの品質
- ネットワーク要素（ノード・リンク・サーバ）能力
- トラフィック特性

網品質とは, Network Performance（網性能）を意味する

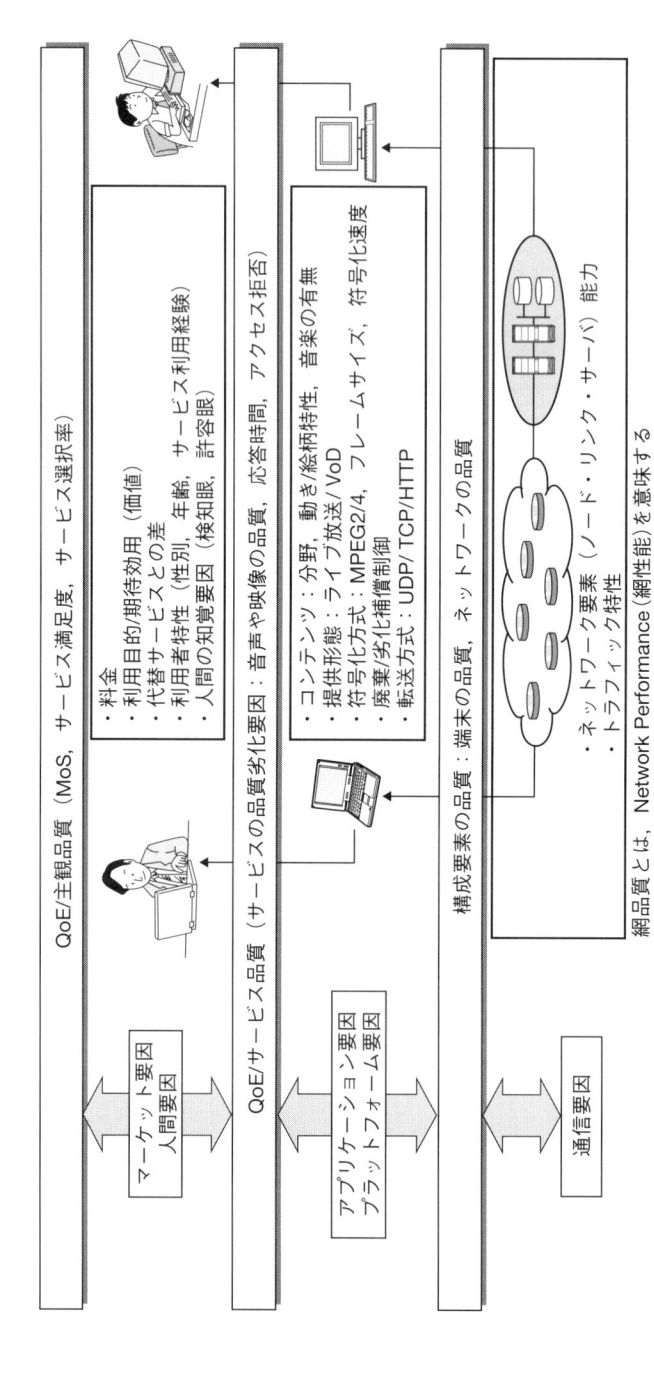

図 4.14 通信サービスという側面で QoS/NP の枠組み

マーケット要因
人間要因

アプリケーション要因
プラットフォーム要因

通信要因

②ユーザ情報転送（user information transfer），③通信の切断（disengagement）の3過程に分けます．さらに，各過程の品質を，①速さ（speed），②正確さ（accuracy），③信頼性（dependability）の3カテゴリーに分け，3×3品質マトリックスを構成し，1次パラメータとよばれる9つの品質分類を行ないます（図4.15）．

安定品質は，ユーザが通信サービスを利用できるか否かを示す品質です．通信サービスを利用できない場合とは，前記の1次パラメータで規定される品質項目の値がいちじるしく劣化して，閾値を超えた場合と定義されています．

接続過程は，ユーザが電話の接続要求やIPTVの視聴要求に対して，網側が通話や映像情報の伝送に必要なコネクション（情報が網内の通過する論理的な経路）を設定することに対する品質です（表4.3）．ITU-T Y.1530[18]は，コネクションの設定に伴う遅延や失敗確率などを定義し，目標値を勧告しています．これらはおもに電話を想定して規定されていますが，IPTVも，視聴要求を出してから，コンテンツサーバから端末までの映像ストリームが流れるコネ

通信過程＼尺度	速さ	正確さ	信頼性
接続	\multicolumn{3}{c}{（1次パラメータ）① コネクション設定品質パラメータ}		
ユーザ情報転送	\multicolumn{3}{c}{（1次パラメータ）② IPパケット転送品質パラメータ}		
切断	\multicolumn{3}{c}{（1次パラメータ）① コネクション開放品質パラメータ}		

1次パラメータ劣化閾値

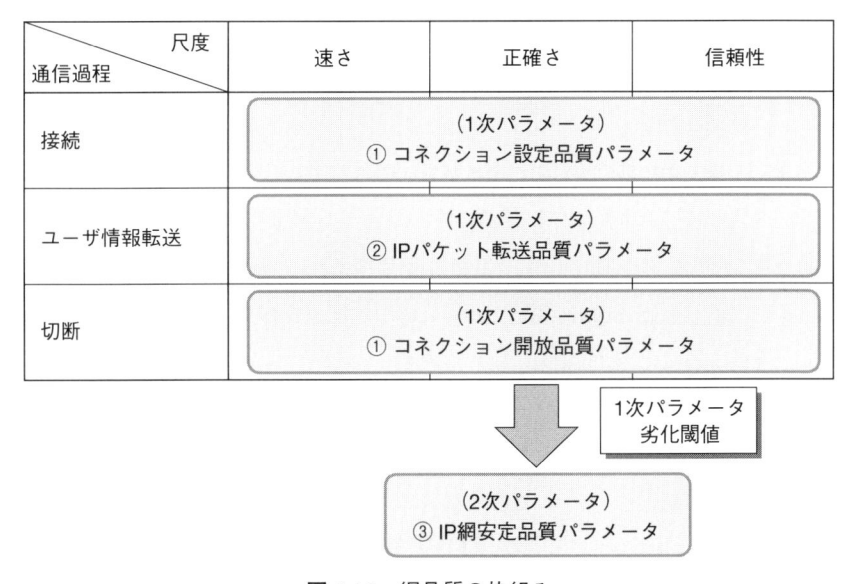

（2次パラメータ）③ IP網安定品質パラメータ

図4.15　網品質の枠組み

表 4.3 呼処理機能に対する品質項目

呼処理機能	速さ	正確さ	信頼性
コネクション設定	コネクション設定遅延 コネクション自動接続遅延 コネクション応答信号遅延	コネクション設定誤り率	コネクション設定失敗率
コネクション切断	コネクション切断遅延 コネクション復旧遅延	コネクション誤切断率	コネクション消去失敗率

クションを確立し，実際に映像パケットが端末に到着し，視聴が可能になるまでの時間は，コネクション設定遅延に対応可能です．また，サーバや網のリソース状況で視聴要求が受け付けられるか否かに関しては，コネクションの呼損率に対応できます．

切断過程は，ユーザが電話の接続解除要求や IPTV の視聴解除要求に対して，網側が通話や映像情報の伝送に必要なコネクション（情報が網内の通過する論理的な経路）を切断することに対する品質です．ITU-T Y.1530 は，コネクションの切断に伴う遅延や失敗確率なども定義し目標値を勧告しています．

ユーザ情報転送過程は，IP パケットの転送品質で規定され，ITU-T では Y.1540 [19] で品質が定義され，Y.1541 [20] で UNI-UNI の品質目標値が勧告されています．ITU-T 勧告 Y.1540 では，IP パケット転送品質，つまり IP ネットワークのユーザ情報転送過程の品質項目として，IP パケット損失率（IPLR），IP パケット転送遅延（IPTD），IP パケット遅延揺らぎ（IPDV），および IP パケット誤り率（IPER）などを規定しています（図 4.16）．

高品質な IP 電話や IPTV サービスを提供するネットワークとして注目されている NGN（Next Generation Network）では，多様なサービスや情報を高品質で提供することを目標にしているため，それぞれにサービスや情報に適したネットワーク品質を実現する必要があります．ITU-T Y.1541 は表 4.4 に示すように複数の品質クラスを勧告しており，NGN のネットワーク品質条件を考えていく際のよりどころと考えられています．

なお，品質クラスについては，ITU-T の勧告のほかにも，3GPP（3rd Generation Partnership Project）の TS 23.107 でも規定されています（表 4.5）．

測定点1　測定点2

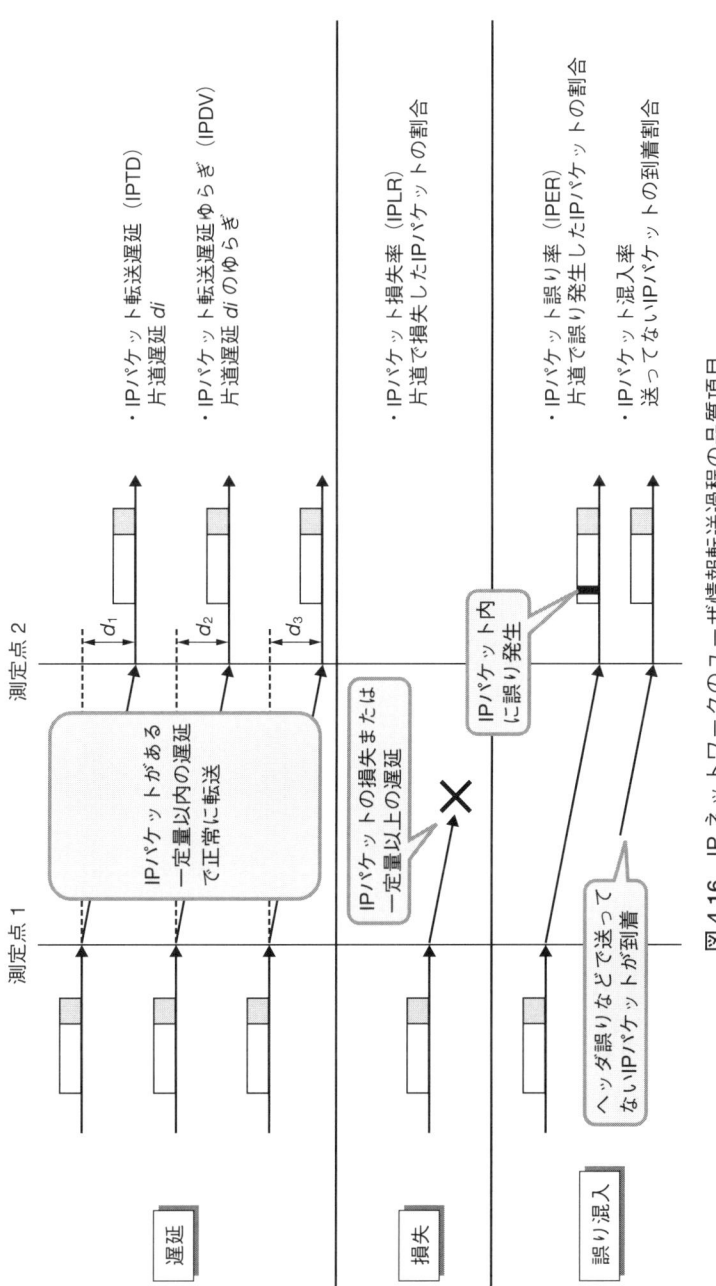

遅延
- IPパケット転送遅延（IPTD）
  片道遅延 d_i
- IPパケット転送遅延ゆらぎ（IPDV）
  片道遅延 d_i のゆらぎ

IPパケットがある一定量以内の遅延で正常に転送

損失
- IPパケット損失率（IPLR）
  片道で損失したIPパケットの割合

IPパケットの損失または一定量以上の遅延

誤り混入
- IPパケット誤り率（IPER）
  片道で誤り発生したIPパケットの割合
- IPパケット混入率
  送ってないIPパケットの到着割合

IPパケット内に誤り発生

ヘッダ誤りなどで送っていないIPパケットが到着

図4.16　IPネットワークのユーザ情報転送過程の品質項目

4.4　ネットワーク伝送の評価　59

表 4.4　品質クラスと目標値（ITU-T 勧告 Y.1541）

品質尺度	品質クラス							
	クラス 0	クラス 1	クラス 2	クラス 3	クラス 4	クラス 5	クラス 6	クラス 7
IP パケット遅延	100ms	400ms	100ms	400ms	1s	U	100ms	400ms
IP パケット遅延変動	50ms	50ms	U	U	U	U	50ms	50ms
IP パケット損失率	1×10^{-3}					U	1×10^{-5}	
IP パケット誤り率	1×10^{-4}					U	1×10^{-6}	
IP パケット到着順序逆転率	−	−	−	−	−	U	1×10^{-6}	
（参考）アプリケーション例	Real-Time, Jitter aenaitive, high interaction (VoIP, VTC)	Real-Time, Jitter aenaitive, interactive (VoIP, VTC)	Transaction Data, Highly Interactive (Signaling)	Transaction Data, Interactive	Low Loss Only (Short Transactions, Bulk Data, Video Streaming)	Traditional Applications of Default IP Networks	High bitrate user application	
（参考）DiffServ との対応	Expected Forwarding (EF)		Assured Forwarding (AF)			Beat Effort (BE)	FFS	

(2) QoS

続いて，QoS について説明します。QoS はテレサービスの品質としてとらえることができますから，電話サービス，IPTV サービスでそれぞれ考えてみましょう。

電話の QoS は，接続性に対する QoS，通話に対する QoS，サービスの安定性に関する QoS などから構成されます。端末での遅延を含めた接続遅延は，接続性に対する QoS に該当します。通話に対する QoS は通話品質とよばれ，その尺度としては，通話等量（RE）やラウドネス定格（LR）などの品質評価

表 4.5 品質クラスと目標値（3GPP TS 123.107）

品質クラス	conversational	streaming	interactive	background
アプリケーション例	音声	映像ストリーミング	ウェブアクセス	E-mail
ビットエラー率	$5 \times 10^{-2}, 10^{-2},$ $5 \times 10^{-3}, 10^{-3},$ $10^{-4}, 10^{-5}, 10^{-6}$	$5 \times 10^{-2}, 10^{-2},$ $5 \times 10^{-3}, 10^{-3},$ $10^{-4}, 10^{-5}, 10^{-6}$	$4 \times 10^{-3}, 10^{-5},$ 6×10^{-8}	$4 \times 10^{-3}, 10^{-5},$ 6×10^{-8}
SDU エラー率	$10^{-2}, 7 \times 10^{-3},$ $10^{-3}, 10^{-4}, 10^{-5}$	$10^{-2}, 7 \times 10^{-3},$ $10^{-3}, 10^{-4}, 10^{-5}$	$10^{-3}, 10^{-4}, 10^{-6}$	$10^{-3}, 10^{-4}, 10^{-6}$
転送遅延 (ms)	最大 100	最大 100		
保証ビットレート (kbps)	16000 以下	16000 以下		
トラフィック処理優先度			1, 2, 3	
割当・保持優先度	1, 2, 3	1, 2, 3	1, 2, 3	1, 2, 3

尺度が用いられてきました．近年普及が進んでいる IP 電話では，ITU-Y 勧告 G.107 で定義されている総合音声伝送品質（R 値）や音声の平均遅延が用いられています．安定性の QoS の尺度としては，不稼働率（サービスの提供が一定時間以上できなくなる確率）があります．従来，電話の場合，おもにネットワーク品質が QoS を規定する支配項でしたので，QoS とネットワーク品質がほぼ対応できるように定義されます．しかし，TV 電話など音声と映像を組み合わせたテレサービスでは，端末の特性や音声映像の符号化方式などのネットワーク以外の要因も QoS に大きな影響を与えるので，端末や符号化方式の特性も考慮して QoS の尺度と目標値を考えていくことが必要になります．

IPTV サービスに対しても，前述の枠組みは基本的には同様に，接続に関する QoS，映像視聴に対する QoS がそれぞれ考えられます．ITU-T では，IPTV の実現に必要な国際標準化を進めるため FG-IPTV および IPTV-GSI という会議を開催し，勧告文書案の作成を進めています．そのなかで一定の QoE を実現するための条件として，各種の QoS の項目の定義を明確にする活

表 4.6　ITU において議論されている品質に関する項目

通信の過程		品質項目の例
接続／切断	必要な時間	コンテンツ一覧，番組表受信時間 視聴要求から映像が視聴されるまでの時間 メタデータの正確性
	視聴の成功	視聴要求の失敗，拒否の確立
視聴中	メディアの品質	送信されるコンテンツの品質 ●符合化性能（解像度／精密さ，符合化速度） ●音声，映像の同期 ネットワーク伝送による受信品質 ●伝送遅延 ●映像劣化（IP パケットの欠落）の発生頻度，継続時間
	操作の品質	早送り・巻き戻しなど，操作応答性 チャンネル切り替え時間
安定性		信頼性 ●Availability ●Accessibility ●Response-time/ Problem resolving time

動も進められています。作業中であり，まだ議論が活発に行なわれている段階ですが，おもに表4.6のような品質項目について検討が進んでいます。

4.4.3　QoE との QoS/NP の関係と評価例

　一定の QoE 目標を実現するには，QoE と QoS/NP の相関関係を定量的に調べ，QoE 目標に対応した QoS や NP の実現目標を設定することが必要です。そこで，QoE と QoS/NP の相関関係について考察します（表4.7）。

　IP 電話などの双方向のインタラクティブ通信では，さまざまなことが要求されます。電話やテレビ電話のようなリアルタイム性を要求されるサービスに関しては，端末相互間やサーバ–端末間において一定の転送レート（単位時間にネットワーク転送される情報量）を維持して情報転送がなされること，パケットロスに対して再送信する時間的余裕がないため一定の転送レートを維持できるようにネットワーク側で一定の帯域を確保すること，遅延やロスなどの品質が一定の閾値以下に保たれることがあげられます。

表4.7 メディアストリームごとのIPパケット転送品質

メディアストリームタイプ	IPパケット要求品質（網）		
	損失	遅延	遅延揺らぎ
双方向のインタラクティブ通信（IP電話など）	0.1%～数%	数十ms	数十ms
ユニ/マルチキャスト通信（映像配信など）	$10^{-8}\sim10^{-2}$（符号化の方式および遅延に依存）	－（UDPの場合）	～数百ms
映像コミュニケーション	$10^{-8}\sim10^{-2}$（符号化の方式および遅延に依存）	数十ms	数十ms
	上記に加え，映像と音声の同期，対地間同期の考慮が必要		
データ転送系	最低帯域		

　映像配信などの片方向のユニ/マルチキャスト通信では，会話型ではないので遅延はそれほど問題にはなりませんが，パケット損失をきわめて小さくすることが要求されます。これには，バッファを受信側にもたせることでパケット損失を少なくすることが一般的に行なわれています。また，ネットワークには受信側のバッファ量に対応した遅延揺らぎ条件を満足することが要求されます。

　TV電話などの映像コミュニケーションでは，会話型と配信型の双方の条件を満たすとともに，音声と映像の同期品質を満たすことが要求されます。また，3対地以上の拠点を結んだ多対地通信では，メンバー間の一体感を確保するために，対地による品質差異を極力抑えることも要求されます。

　ウェブブラウジングやメール，FTPなどのデータ転送系のメディアストリームの場合は，ネットワークの混雑状況に応じて流れる情報量が増減し，またパケットロスが発生しても送り直せばすむため大きな問題にはなりませんが，一定以上の帯域をネットワークで確保することが要求されます。

　なお，品質条件はメディアストリームの転送方式にも依存します。映像配信サービスを劣化なしに転送できるパケット転送品質条件を，TCP転送方式の場合とUDP転送方式の場合とで比較したものを図4.17に示します。

(a) TCP 転送

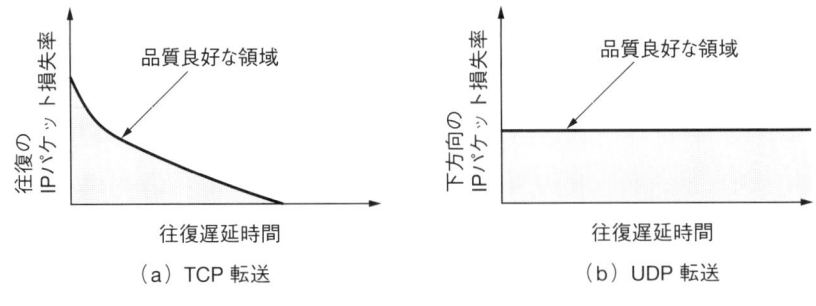

(b) UDP 転送

図 4.17　転送方式による映像配信ネットワーク品質条件の差異

4.4.4　QoE を達成するための品質設計・管理

4.4.3 項で述べたように，サービスごと，また同一サービスでも符号化などの実現方式ごとに，ネットワークや端末に対する品質要件が異なります。とくに，多様なサービスの共通の基盤であるネットワークは，複数の品質要求条件に対応できることが要求されます。また，ネットワークは多数の通信事業者が相互接続することでユーザ間の通信が可能になります。そのため，品質の定義や品質評価尺度が通信事業者ごとに異なると，エンドツーエンドでのネットワーク品質の設計や評価ができなくなります。当然，そのような場合，サービスの品質も適正に設計することができません。

そこで，ITU-T などの国際標準に従って，品質の尺度についての定義，目標値，個々のネットワークごとの品質配分値，測定・評価方法などを通信事業者横断的に標準化する取り組みが必要となります。

(1) ネットワーク区間の品質配分

Y.1541 は，ネットワークの UNI-UNI 間の品質目標値を勧告しています。複数のネットワークが相互接続している場合，個々のネットワークが満たすべき品質を明らかにし，相互に協力して UNI-UNI 間の品質目標値を実現していくことが必要になります。

Y.1542 [21] は，その実現方法として，複数のアプローチを勧告しています。図 4.18 にその例を示します。

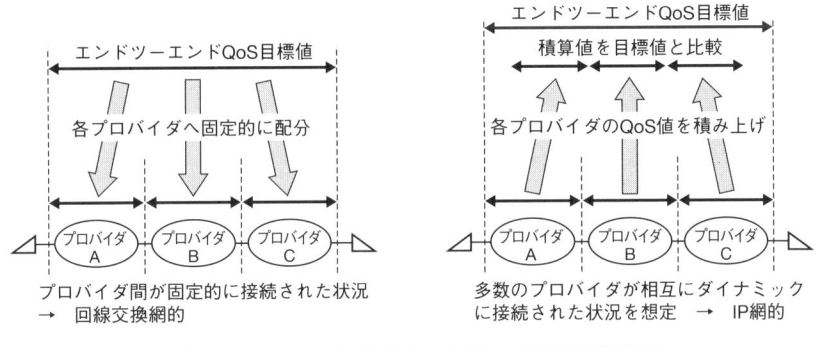

図 4.18 Y.1542 によるネットワーク区間品質配分

(2) 品質の管理

　機器故障などによって品質の劣化が生じている場合，これを検出し，品質劣化区間・劣化箇所を特定し，改善していく品質管理が必要です。品質管理は，劣化を実際に検出する機能と，その原因となる劣化区間や劣化箇所を特定する機能が必要です。劣化原因が判明したあとの対処は個々の現象と装置ごとに異なりますので，ここではとくにふれません。

(3) 品質劣化検出

　メディアストリームごとのパケット転送品質の監視のほか，受付制御が実施されるNGNでは，受付判定拒否率（電話網でいう呼損率）や接続に伴う遅延時間（接続遅延）などの接続品質の監視が必要です。

　メディアストリームごとのパケット転送品質監視は，実ストリームのパッシブ測定によってパケットロスの有無などを検出する手法や，エンドツーエンドでトラフィック規定に従った試験パケットを送受信するアクティブ測定が考えられます。

　ネットワーク内での品質測定のほかに，端末を含めたエンドツーエンドでの

品質を測定し，ユーザの体感品質を客観的に推定することでユーザクレームなどの対処を容易にする測定技術も研究されています．ITU-T 勧告 P.564[22] は，音声や映像などの RTP パケットのストリームを対象に端末側で品質測定し，品質レポートを通知する測定技術を勧告しています．この技術は，ユーザ側のネットワーク形態の多様化や，ネットワーク側では検出できない受信側での受信バッファあふれなどによる品質劣化の検出技術として有効です．

(4) 品質劣化区間・劣化箇所の特定

品質劣化箇所が自管理ネットワーク内に存在するのか，送受信ユーザ側または相互接続された他のネットワークに存在するのかを切り分けることが重要です．ITU-T Y.pmm12 は，相互接続における品質測定法を規定しています．そこでは，測定モデル，測定方法（測定点の設置箇所，測定条件，測定機能要求条件）に加え，測定期間と個々の測定値の統計化尺度を含めたレポート方法が議論されています．

4.5 ユーザインタフェースの評価

ユーザインタフェースはユーザが直接操作するものであり，サービス全体の体感品質（QoE）を大きく左右します．しかし残念ながら，現段階では体系的なユーザインタフェース評価方法は確立されてはいません．そこで本節では，まず，基本的な IPTV の操作を紹介し，そのうえで，ユーザインタフェースの評価方法の例をあげることとします．

■選局

IPTV に限らず通常のテレビでも，もっとも頻繁に行なうのが選局（チャンネル切替）ではないでしょうか．おそらくテレビの電源を入れて，一度も選局せずに電源をオフにすることはほとんどないと思います．選局のための番組情報は新聞のラテ欄（テレビ，ラジオの番組表）であったり，インターネット上であったりさまざまですが，最近急速に普及してきている地上デジタル放送や，本章のターゲットである IPTV では，EPG（電子番組表）機能を備えてい

ます（EPG では選局だけでなく，検索や視聴予約なども可能です）。

■ 起動・終了

　起動や終了も日常的に行なわれる操作のひとつでしょう。起動方法には，通常の電源オンによる起動のほか，視聴を予約した番組の開始によって自動的に起動する場合や，目覚まし時計のように一定時刻に自動的に起動するなどさまざまな起動が存在します。終了も，通常の電源オフに加えて，番組終了と同時に電源がオフされるような設定や，一定時刻経過後に電源が切れる設定（スリープタイマー）などがあります。

■ TV 放送ポータル閲覧

　IPTV では，番組選択やユーザへの情報提供を意図した TV ポータル画面によるポータルサービスを提供しています。ポータル画面では，上下左右を示す十字キーと，赤，青，黄，緑の 4 色のボタンなどから構成される必要最小限のリモコンボタンの操作に応じて，インターネットのウェブサービスと同様，インタラクティブに情報提供を行ないます。

■ その他

　日常的に行なわれる操作としては，音量調整，入力切替（テレビとハードディスクレコーダなどの外部入力）などがあります。さらに，テレビの周辺機器やネットワーク環境が変化したときのみに行なわれる操作としては，購入後の初期設定や外部接続機器購入時の設定などがあります。

　このように IPTV では，多くの操作が行なわれています。これらの操作で視聴者はどのようなことに不満を感じるでしょうか。

　選局するときに切り替わりが遅いと感じた場合，ユーザは不満に感じることでしょう。EPG の表示や，起動に関しても同様で，動作の終了までの時間が長いと感じると，それを不満に感じることでしょう。また，とくにリモコンを用いて操作をするような場合，ボタンを押して，システムが処理中であるのか，あるいはリモコンからの指示が届いておらず処理が開始されていないのかわからない場合，大きな不満を感じることでしょう。単に動作が遅いよりも現在の受信機の処理状況が不明な場合に，大きな不便を感じます（図 4.19）。

図 4.19 電源オン！　つかない！
　　　　（処理中？　リモコンの向きが悪かった？）

　さらに，TV ポータル画面で，同一画面にデータがあまりに盛りだくさんで見にくい場合にも不満を感じることでしょう．

　これらは定性的な評価ですが，定量的にはどのように評価できるのでしょうか．残念なことに，これらの QoE を体系的に共通の指標で定量的に評価する方法はまだ確立されていません．

　QoE の高いユーザインタフェースを構成することは，インタフェースデザインをよくすることです．よいデザインのための原則として，D・A・ノーマンは著書『誰のためのデザイン』[23]のなかで，次のように述べています．

- 可視性　　目で見ることによって，ユーザは装置の状態とそこでどんな行為を取りうるかを知ることができる．
- よい概念モデル　　デザイナーは，ユーザにとってのよい概念モデルを提供すること．そのモデルは，操作とその結果の表現に整合性があり，一貫的かつ整合的なシステムイメージを生むものでなくてはならない．
- よい対応づけ　　行為と結果，操作とその効果，システムの状態と目に見えるもののあいだの対応関係を確定することができること．
- フィードバック　　ユーザは，行為の結果に関する完全なフィードバックをつねに受け取ることができる．

　たとえば IPTV では，起動や選局，EPG の表示が遅いとしても，可視性を確保するために，処理が進行中であることを示せば，ユーザの苛立ちは改善さ

れるでしょう。ユーザがリモコンを操作したときに，ユーザからの指示を受け付けたことをクリック音や画面表示によってユーザに返せば，ユーザの不便は緩和されるでしょう。ポータル画面の画面レイアウトや画面遷移を工夫して，よい概念モデルやよい対応づけをすることもできます。

　このようにD・A・ノーマンによる原則は，ユーザインタフェースの使い勝手を向上させるための指針になります。しかし，ユーザインタフェースの改善の度合いはこの原則では測れません。つまり，QoEがどれぐらい優れているのかを定量的に評価することとは直接関係するものではありません。

　一方，参考となる規格として，人間工学―インタラクティブシステムの人間中心設計プロセス JIS Z8530（ISO13407）[24] があります。これも，ユーザインタフェースにかぎりませんが，システムを使いやすくすることにとくに主眼をおいた，インタラクティブシステム開発のアプローチについて，その計画と管理について規定されたものです。

　このなかで参考として，ユーザビリティ評価に関するレポートの構成例が示されています。評価方法として，ユーザビリティの専門家による観察とビデオ分析，実作業の観察，ユーザビリティ専門家によるユーザと顧客のインタビュー，ユーザと顧客に対する質問紙調査，があげられています。その評価方法により，結果として，セッションごとに発生した課題（操作に滞りなどが発生した場合にはそのタイミング），画面設計に関する事項の記録（整合性の問題，課題との不一致，エラーメッセージの必要性，色の使用や情報の詰め込みすぎなどの情報），プロセスのステップ数に関連する問題，達成度の観察により将来の訓練に対するユーザの要求条件などが得られるとされています。

　D・A・ノーマンによる原則も，ISO13407のレポート項目も，得点のような数値的な指標が定量的に得られるものではありません。そのため，結果の取り扱い，システムを良いものにしていくためには，経験が必要です。

　ISO13407の関連文書として，ISO/TR 16982 : 2002 Usability methods supporting human-centered design（人間とシステムのインタラクション―人間中心設計のためのユーザビリティ評価手法）があります。このなかで紹介され

ているユーザビリティ評価手法は大きく分けて2つあります。1つはユーザテスティング，すなわちユーザに実際に操作してもらうことによって得られる評価，つまり被験者実験を伴う評価方法です。もう1つはインスペクション，つまり実際に使うのではなく評価を行う方法です。

ユーザテスティングでは，ユーザ観察，パフォーマンス評価，クリティカルインシデント法，質問紙法，インタビュー，シンクアラウド法が紹介されています。

また，インスペクションでは，ドキュメントベース・メソッド，モデルベース・メソッド，専門家評価，自動評価が紹介されています。

4.6 保守運用性

保守・運用性とは，いかに安定してサービスを提供できるかという品質です。トラブル，障害が発生したときに迅速なサポートを受けることができるか，サービス加入など設定の変更が正確に行なわれるなどはユーザにとってサービスを長く利用するうえで重要な要素だといえます。

FG-IPTV DOC-187 Performance Monitoring for IPTV 文書[25]は，システム運用中の性能評価を行なうための枠組みについて記述されたものです。4.2節に示した各ドメインのどこで，どのような性能を監視することが可能か，監視すべきか，が記述されています。しかし，この文書はあくまでも技術的に議論された結果です。コンテンツプロバイダとIPTVサービスプロバイダとネットワークプロバイダと端末メーカーがすべて違う事業者である，という可能性は低くありません。そのとき，IPTVサービスプロバイダが，ネットワークプロバイダのスループットの状況を知るためには，何らかの取り決めが必要になるでしょう。

つまり，保守運用の技術的な要件の洗い出しに関しては国際的にも進んでいますが，それを実際に運用可能なものとするためには，IPTVサービスにかかわる事業者間での取り決めの必要性を考慮した検討が今後必要になってくると

思われます。

4.7 さらなる QoE 検討要素

　IPTV サービスが携帯電話のように一般家庭で自然に利用されるようになるために必要な品質とはどのようなものでしょうか。これまではおもな要素を取り上げ QoE を検討しましたが，本節では一歩踏み込んで IPTV サービスのトータルでの QoE を考えてみたいと思います。

　サービストータルで QoE を評価するためには，サービス事業者が「誰に」，「どのような」経験を提供したいのかを明確にすることが重要です。IPTV は「誰に」提供するサービスなのでしょうか。IPTV はテレビなので，たとえばゲームが大好きな中学生の男子も対象となるでしょう。また，30 歳の若手サラリーマンも対象となるでしょう。また，主婦も視聴者になるでしょう。やはり現在，テレビをまったく視聴しない人は少ないでしょう。

　当然ながら，中学生，30 歳前後のサラリーマン，主婦，それぞれ求めるサービスは異なってきます。このようなターゲットが幅広いサービスについて検討するときに，なるべく多くの利用者にアピールすることを考えてターゲットの平均像を求めてサービスを考えてしまうと，結果として誰も望まないサービスとなってしまうことがしばしばあります。

　このような幅広いユーザを対象としたサービスや製品において QoE を向上させていくためには，「ペルソナ」と「シナリオ」を用いた分析が有効であるといわれています。ペルソナとは，架空の人物（ペルソナ）であり，ペルソナを関係者間で共有し，そのペルソナに行動させる（シナリオ）ことで問題点を分析する方法です[26]。

　ここでは，まず複数のペルソナを用意し，各ペルソナに国際標準化で議論されたさまざまなサービスをウォークスルーさせる過程を通して，高 QoE の IPTV サービスにとって今後ますます重要となってくるであろう付加サービスや機能を検討します。次に，ペルソナを用いて具体的なウォークスルーをさせ

表 4.8 本検討でペルソナに設定した項目

名前	電電太郎	横須賀厚子	武ひかる	菜葉トメ
年齢	28 歳	30 歳	55 歳	82 歳
性別	男性	女性	男性	女性
職業	金融系システム会社のSE	会社員（兼業主婦）	大学教授（工学系）	主婦
最終学歴	大学卒（経済学部）	大学卒（文学部）	大学院博士課程修了	女学校卒業
家族構成	未婚, 単身	既婚, 夫婦2人暮らし	既婚, 夫婦と娘2人の4人暮らし	既婚, 息子夫婦・孫と同居
居住環境	横浜市内のワンルームマンション	東京都内のマンション	神奈川県内の一戸建て	静岡県内の一戸建て
ネット環境	Bフレッツマンションタイプ	Bフレッツマンションタイプ	Bフレッツ	なし
放送視聴環境	地上波放送のみ視聴可能	地デジ, BSが視聴可能	地デジ, BS, CSが視聴可能	地デジが視聴可能
所有AV機器	21型液晶テレビ, HDD/DVDレコーダ, iPod	26型液晶テレビ, HDD/DVDレコーダ	50型液晶テレビ, HDD/DVDレコーダ, Blu-Rayレコーダ, ホームシアターセット	20型液晶テレビ
所有IT機器	デスクトップPC, docomo P704i	自作デスクトップPC, docomo P905i	自作デスクトップPC, 腕時計型携帯電話	らくらくホン
ネット利用状況	メールチェック, オンラインバンキング	メール, レシピサイト, 乗り換え情報などの情報収集		携帯でメールをする
TV視聴状況	ながら視聴（朝はニュース, 夜はバラエティ）	ながら視聴が中心（朝はニュース, 夜はバラエティ）		テレビは頻繁に観る／大河ドラマは欠かさず観る
好きなコンテンツ	ドキュメンタリー	バラエティ		ワイドショー
最近やりたいこと	とくにない	英会話（でもあまりお金をかけたくないため, 英会話番組をチェックしている）		携帯のメールで写真を送りたい
最近解決したいこと	HDD/DVDレコーダで撮りためた映像を効率よく視聴したい／合コンでの話題のために流行のドラマを効率よく視聴したい	夫がスポーツを見ているときはつまらない		とくにない

る過程を通して，すでに需要が顕在化しているいくつかのサービスについて目前にある改善策を検討をします．

具体的には，4つのペルソナを用意し（表4.8），さまざまなシナリオに従った行動のシミュレーションを実施し，サービスについて検討していきます．場面として大きく次の2つを設定しました．1つは，今後行なっていく新しいサービスを検討するため，つまりサービスの新規開発のためのウォークスルー（図4.20）であり，もう1つは，既存のサービスの品質を向上させるためのウォークスルー（図4.21）です．新規開発のためのウォークスルーとして，ITUなど公の場で議論されているIPTVのサービスを俯瞰し，それをウォークスルーさせることで今後検討すべき新しいサービスや機能について検討します．また，既存のサービスの品質向上のためのウォークスルーとしてすでに一般的に行なわれているサービスをとりあげ，ウォークスルーさせることで起こりうる問題を洗い出します．

各サービスを大まかにウォークスルーして，
重要ポイントを検討

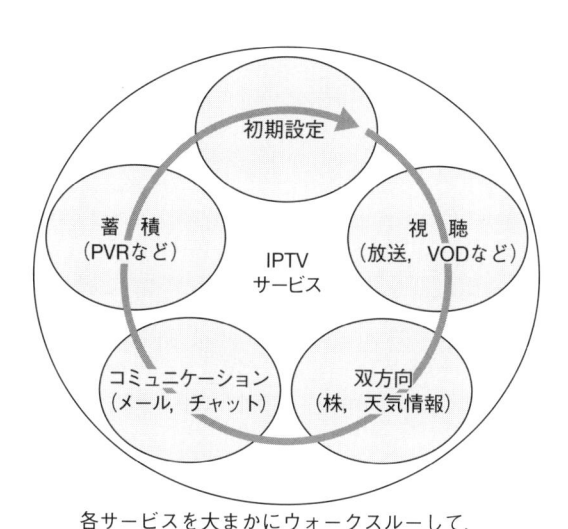

図 4.20　新規開発のためのウォークスルー

4.7 さらなる QoE 検討要素　　73

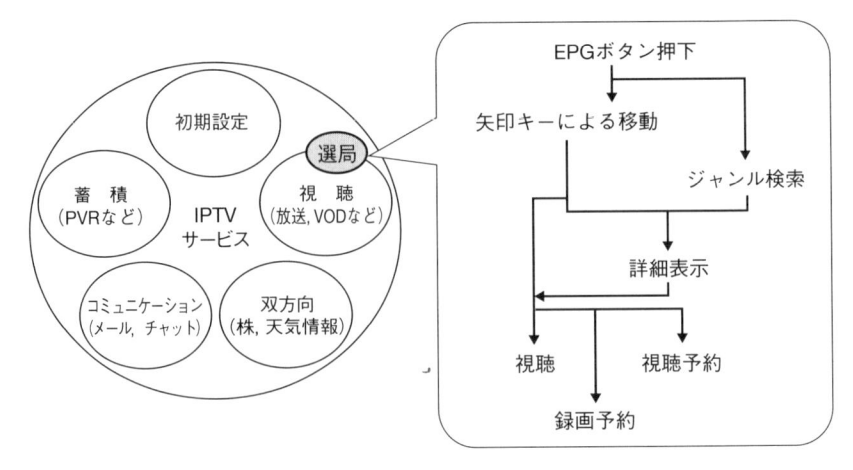

図 4.21　既存のサービス品質向上のためのウォークスルー

4.7.1　サービスの新規開発のためのウォークスルー

新しい機能を検討するためのシナリオを検討します。新しい機能を検討するためなので，ITU などの場で議論されている幅広い IPTV を想定し，細かい動作についてはラフにシナリオを用意しました。各シナリオについて典型的な動作例を示しますが，このケースのウォークスルーでは，この動作例に限った形でウォークスルーを行なったわけではありません。

●加入など初期設定作業［A］　CDN（ネットワークサービスプロバイダ）との契約，IPTV サービス事業者との契約など，さまざまな契約作業とその後の初期設定作業を行ないます（図 4.22）。

●視聴サービス［B］　プログラム編成された通常のテレビ放送を視聴するサービスに加えて，オンデマンドの視聴サービスなどを視聴します（図 4.23）。

●双方向サービス［C］　B2C のコミュニケーションサービスで，たとえば天気予報や株価情報の閲覧や，通信販売と連動してその場で商品を購買できるようなサービスを行ないます。また，ウェブ閲覧などを行なうことも考えます（図 4.24）。

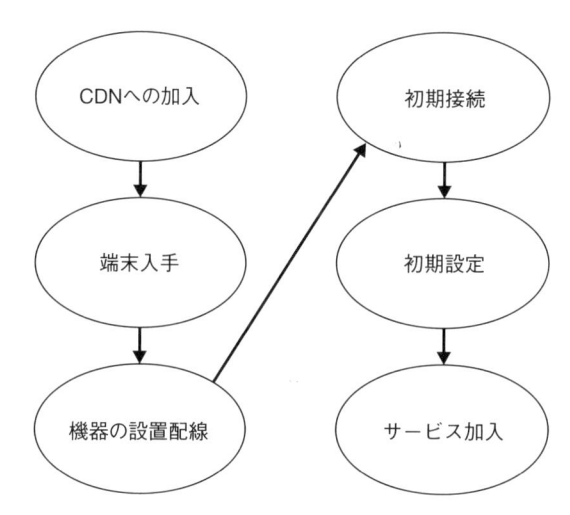

図 4.22　加入など初期設定の作業フロー

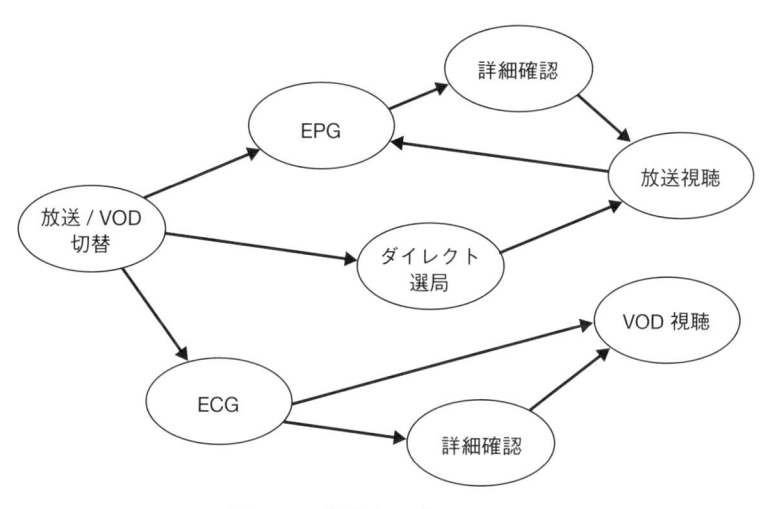

図 4.23　視聴サービスのフロー

●コミュニケーションサービス［D］　　［C］の双方向サービスとは異なり，ユーザ間でのコミュニケーションを行なうサービス，たとえばメールやテレビ電話サービスなどを行ないます（図 4.25）．

●録画機能［E］　　映像をローカルに蓄積し，実際に放送されている時刻

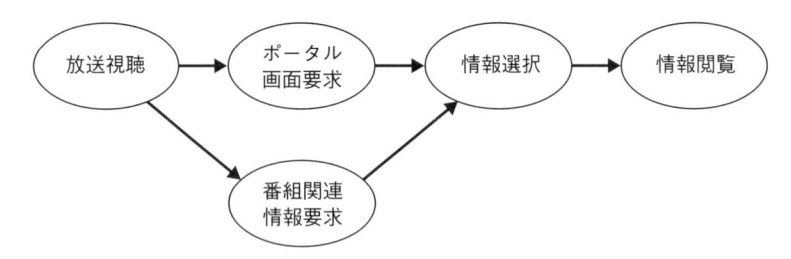

図 4.24 双方向サービスのフロー

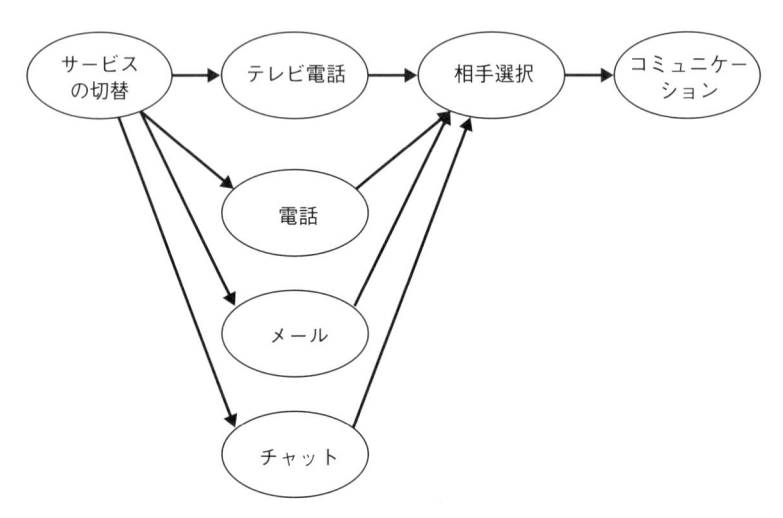

図 4.25 コミュニケーションサービスのフロー

以外に視聴することは現在一般的に行なわれているサービスです（図4.26）。

では，実際にウォークスルーを開始したいと思います。

(1) 電電太郎さん

●加入など初期設定［1-A］　「むずかしいっていっても，ちゃんとマニュアルを読めばだいたいできるんですよ。わからない人は甘えている部分もあるんじゃないかな。加入するのに，はがきを投函しなきゃいけないのは不便だな。別にポストが近所にないわけじゃないんだけど，ついつい忘れちゃうんだよね。せっかくIPTVなんだから，全部テレビの前ですませたいよ。」

●視聴サービス［1-B］　「朝はニュースをつけっぱなしで，なんとなく観

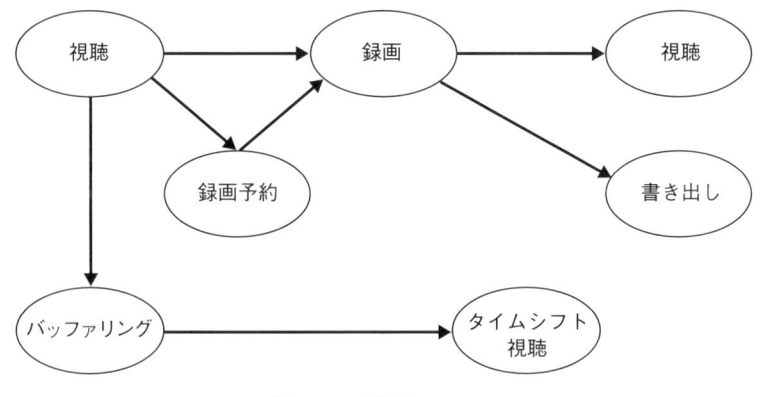

図 4.26 録画のフロー

ている感じかな。夜も PC でウェブブラウズしたりしながら，なんとなくついているっていう感じだよね。テレビにかぶりついて観るってことはめったにないな。BGV（Back Ground Video）ってやつ。

　VOD はあんまり観ないと思うけど，時間ができたらドキュメンタリー番組の名作選とか観たいな。あと，たまに 1 回だけドラマ観ちゃって続きが気になるときってあるんだよね。そんなときに，VOD で観ることができたら観るかも。合コンのネタにもなるしね。」

　●双方向サービス［1-C］　「天気はちょっと見るかもしれないな。朝見逃しちゃうと，しばらく見られないしね。PC の電源入れるのは面倒だけど，やっぱり天気知りたいなぁってときに便利だよ。株か…，株は見ないな。天気って，当たり外れはあるかもしれないけど，どのチャンネル見たって似たり寄ったりでしょ。だけど，株の情報はウェブ上にいっぱいあって，みんなちがうことを書いているでしょ。だから，ウェブでいろいろ見て判断したいじゃない。」

　●コミュニケーションサービス［1-D］　「基本的に日中は家にいないからね。携帯もあるし，固定電話はほとんど使わないんだよね，正直。メールは，携帯メールも PC のメールも使うよ。だから，テレビではいらない。それにね，家が静かだと悲しいでしょ。テレビをつけっぱなしにしちゃうんだよね。だから，テレビでメールすると，静かになっちゃうのも悲しいよ。そういう面

4.7 さらなる QoE 検討要素　77

でもメールは PC だね。」

　●録画機能［1-E］　「録画はあんまりしないと思うよ。だって，番組をチェックする時点で面倒なんだもん。」

　●まとめ　　典型的な理系サラリーマンの電電太郎さんにとって，テレビはつねに接する，なくてはならない存在であるものの，目的をもってしっかりと接する対象ではないようです。ほとんどの視聴時間がながら視聴で，そもそも時間があまりない電電太郎さんのような人にとって，IPTV のメリットはなんでしょうか。新しいもの好きで，お金にも余裕のある独身サラリーマンは，一般的に IPTV の最初のターゲットとして認識されていることが多くないでしょうか。しかしながら，このペルソナの分析結果からすると，電電太郎さんのようなサラリーマンは，IPTV がメインにターゲットとするユーザではないのかもしれません。

(2) 横須賀厚子さん

　●加入など初期設定［2-A］　「加入やむずかしい設定は夫に任せています。そのため，むずかしいかどうかは気になりません。しかし，加入手続きが平日の日中しかできないと夫に迷惑をかけるので，若干申しわけなく思います。まぁ若干ですけどね。テレビは，買ってきてコンセントに差してアンテナにつないだら，すぐ観られるものですよね。買ってから観られるようになるまで何日もかかるっていわれると信じられません。自分一人だったら IPTV もケーブルテレビも加入しないですね。」

　●視聴サービス［2-B］　「テレビって観るのは楽しいんですけど，半分以上は話題のためなんですよね。会社とかでテレビの話をしているときに，観てなくていっしょに盛り上がれないのはつまらないじゃないですか（図 4.27）。だから，違法かもしれないけど動画共有サイトはよく使いますよ。ドラマ 1 本全部観ようとは思いませんけど，バラエティの 1 コーナーぐらいだったら十分楽しめますからね。最初から録画すればよいっていわれそうですけど，くだらないバラエティ番組を録画してまで観るのって，ちょっと恥ずかしいっていうか，なんとなくできません。

図 4.27　オフィスや学校での会話

　VOD もあんまり使わないと思います。だって，ここ 5 年ぐらい一度もレンタルビデオとか借りたことないですもん。本当は，テレビなんて観てないで勉強したほうがよいと思っているんですよ。だから，おもしろいテレビがないのは，テレビを観るのをやめるよいきっかけですよ。英会話チャンネルですか。それはよいですね。本当に勉強になるのか疑問ですけど（笑）。」
　●双方向サービス［2-C］　「テレビを使って買い物ですか。うーん，あんまりしませんね。高い買い物だったら，インターネットの口コミサイトとかでちゃんと確認したいし，もしかしたら安く売っているところが見つかるかもしれないですよね。食べ物とか日用品だったら，スーパーで買います。スーパーをみて歩くのは大好きなんです。だから，生協の宅配なんて楽しみを奪われるだけで，しませんよ。
　お天気のチェックはしてますよ。わざわざパソコンを立ち上げるのが面倒なときに，簡単にわかってよいですよね。株価はテレビなんかでは見ませんよ。20 分遅れじゃないですか。それに，株価にかじりついていないと困るような投資はしてませんし，インターネットのほうがいろいろな情報が手に入りますからね。」
　●コミュニケーションサービス［2-D］　「テレビ電話は楽しいですね。や

っぱり顔を見て話ができるのはよいですよ．携帯電話はテレビ電話できるけど，やったことないなぁ．でもやっぱり，あったらきっと楽しいと思いますよ．あと，実家で飼っている柴犬を撮影したビデオを見ながら話ができたりすると，さらに楽しいです．でも，お母さんには操作はむずかしいだろうなぁ．

メールはパソコンがあるから要らないですね．書くのに時間かかるし，そのあいだ，リビングのテレビを占有するわけですよね．しかも，肩越しに読まれちゃうし．たぶん，しないですね．」

●録画機能［2-E］　「テレビの録画はあんまりしないですね．ここ2年半，録画機器がまったくない生活をしていたんですけど，ほとんど不便は感じませんでした．

撮ったビデオの編集作業なんかが録画機器でできると楽しいですね．テレビ電話を介して，離れたところにいる人といっしょに編集を楽しめたりしても楽しいかな．ぴったりのBGMを推薦してもらったりして．」

●まとめ　　横須賀厚子さんの場合，TVのおもな視聴方法がながら視聴であり，強い必要性を感じていないことがわかります．つまり，通常のテレビとしての機能では，横須賀厚子さんのような視聴者にIPTVをアピールすることは困難でしょう．

コミュニケーションのツールとして，映像を共有（おたがいの映像であったり，おたがいの共通の興味の対象であったり）することに強い興味を抱いているようです（標準化のなかでは個人放送局として議論されています）．このような利用者のQoEを高めていくためには，適切な視聴制限による映像発信，映像取り込みの簡単なインタフェースなどの機能を，より高めていくことが必要だと思います．

(3)　武ひかるさん

●初期設定［3-A］　「とにかく早く使いたいんだよ．設定は面倒でもよいけど，加入の待ち時間が長いのは嫌だよ．手紙で送って，2日後から使えるなんて，なんとまどろっこしい．たとえば，電話で連絡して，すぐ観られるようになるのは無理なのか（図4.28）．

図 4.28　郵便による申し込み…

いずれにせよ，おもしろそうだったら初期設定がむずかしくても加入するし，なんとかするよ。おもしろくなさそうだったら，簡単に加入できる状態だったとしても加入しないよ。」

● 視聴サービス［3-B］　「テレビは最近あまり観ないんだな。朝から晩まで学校にいるし，外食して帰ることも多いからな。電車の中の暇つぶしに携帯プレーヤーに入れたら観るかなぁ。わかんないなぁ。

ふだん，ゆっくり時間があるときは映画を観るんだよ。映画は大好きだね。あと，鉄道も好きなんだ。だから，映画の品ぞろえが多彩だったり，SLや世界の鉄道の番組があるなら，VODを観たいね。」

● 双方向サービス［3-C］　「番組の裏話とか，関連情報って，番組の醍醐味だと思うんだよね。たとえば，映画をつくっているときに監督がどんなことを考えていたかとか，そんなことを知りながら映画を観られたらどんなに楽しいだろう。天気とか株とか，そういう情報にはあまり興味がないな。」

● コミュニケーションサービス［3-D］　「メールは便利だから使うけど，本当は好きじゃないんだよ。会って話すのが最高のコミュニケーションだよ。わざわざテレビでメールやチャットなんてしないよ。いつからだろうね，こんなにメールばっかりになってしまったのは。」

● 録画機能［3-E］　「よいドキュメンタリーなんかやっているときには録画したいと思うけど，なかなか気づかないで終わっちゃうときも多いんだ。最近のレコーダって，携帯から録画する機能もついているけど，いまひとつしっくりこなくて使わないんだよね。」

● まとめ　武ひかるさんの場合，非常に強い好奇心によって，サービス加入や設定などの多少の障害は問題にならないと思われます．一方で，その強い好奇心を満たせるだけのコンテンツを取りそろえることが，このような視聴者の QoE の向上のためには欠かせません．

(4) 菜葉トメさん

● 初期設定［4-A］　「初期設定作業はできないです．そもそも，何をしたらよいのかわからないからねぇ．息子か孫にやってもらうよ．仕事に行っているから，なかなか頼みにくいけど．テレビって，ちょちょっとつなぐだけでしょ？」

● 視聴サービス［4-B］　「テレビは観ますよ．テレビの番をしているようなもんだから（笑）．気楽に笑えるやつがよいんだよね．あんまりむずかしいものを観てもねぇ．あと，寂しいニュースばっかりも気が滅入るからね．

テレビ観るのにお金を払うの？　そんなもったいないことはしないよ．だって，ただでいっぱいやっているでしょ，それで十分よ．」

● 双方向サービス［4-C］　「テレビでお買い物？　そんな買い物なんてほとんどしないんだから．お米とか重いものを運んでくれたらうれしいけど，面倒なんでしょ．電話でお願いすればよいんだもん，そっちのほうがずっと楽だわ．お天気がいつでも見られるの？　それは便利だわねぇ．何チャンネルでやっているの？　えっ，チャンネルじゃないの．むずかしいのねぇ．」

● コミュニケーションサービス［4-D］　「テレビ電話って，テレビみたいに映るの？　便利ねぇ．曾孫がね，1 歳なんですよ．顔を見て話したら楽しいねぇ．娘とか孫たちともできたらよいわねぇ．でも，いつ電話してよいのか迷っちゃうのよね．だって，みんな忙しいでしょ．こんなふうに一日中ひまなおばあさんが適当な時間に電話しても，迷惑かけちゃうんじゃないかって．

メールは携帯やっているからよいわ．新しいの覚えるのはたいへんだからね．変なところを押して壊しちゃうとたいへんだし．教わろうと思っても，わかんなくなっちゃったから聞いているのに，なんでこんなふうになっているんだって怒られちゃうからね．いろいろ触ってわからなくなっちゃっても，いつ

ものところに簡単に戻ってくれるとよいんだけどね。」

●録画機能［4-E］　「録画？　録画なんてしたことないねぇ。でも，孫の結婚式のビデオとか，曾孫がヨチヨチ歩いているビデオなんか観たら楽しいだろうねぇ。」

●まとめ　　菜葉トメさんは最初から，設定やむずかしい操作を放棄しています。同じように，PCの設定などはいっさいできないものの，ウェブブラウザやメール，オフィスソフトを日常的にそれなりに使いこなしているという方は多いと思います。このような場合，いかに他の人に頼みやすくするかがポイントとなるのではないでしょうか。

たとえば，菜葉トメさんが孫に問題解決をお願いしたい場合，特定の時間や特定の場所（たとえば，問題が発生しているPCの前）でしか解決ができないような状況になっていると，問題解決のために問題が発生しているPCの前に行くことが困難な可能性がおおいにあります。これが，遠隔地からどのような状態になっているかモニタリングできて操作することが可能であれば，問題解決のトータルの難易度は劇的に低下するでしょう。また，IPTVサービス事業者が有料のサービスとして遠隔から操作を代行するようなことも考えられるでしょう。

図4.29で，おばあさんからテレビに関して何か頼まれた孫がいます。テレビに限らず家電機器に詳しくないおばあさんが，どのような症状で何が問題に

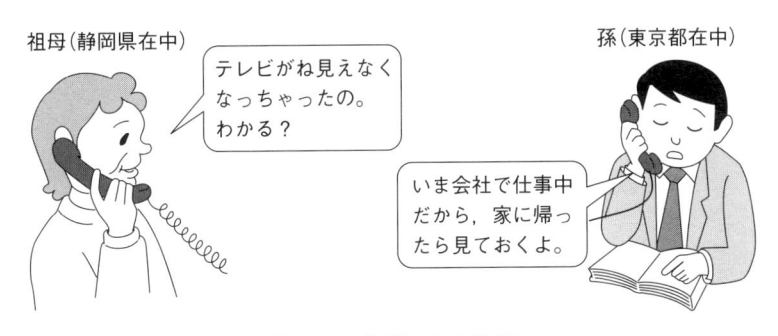

図4.29　祖母からの依頼

4.7　さらなるQoE検討要素

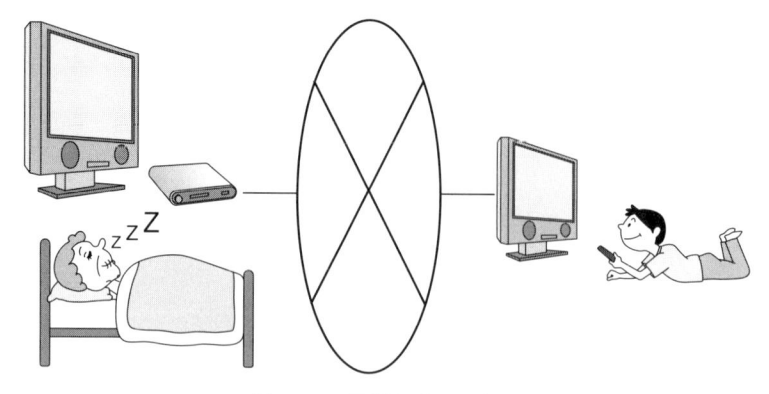

図 4.30　便利な時間に代行

なっているのかを，電話で伝達するのはほとんど不可能といってよいでしょう。もし遠隔操作が可能であれば，おばあさんから問題が発生しているということだけを聞けば，あとは家に帰ってからネットワーク経由でおばあさん宅の STB に入り，設定面の操作を行なうことが可能です。

　おばあさんと孫では，生活している地域だけでなく，生活時間帯がまったく異なることがしばしばあります。仮に，おばあさん宅に直接行かなければ操作ができなかった場合，おばあさんが頼れる人は非常に限られた人となり，頼まれる人の負担も大きなものになってしまうでしょう。一方で，ネットワーク経由で遠隔操作が可能であれば，離れた場所で暮らす，生活時間帯がちがう孫であっても，操作を頼み，そして頼まれることが可能になります（図 4.30）。

　このような遠隔操作に関しては，FG-IPTV DOC 192 Aspects of IPTV End System-Terminal Device のなかで，端末を遠隔から操作可能とすることが推奨されています。しかし，具体的な方法についてはまだ議論中です。遠隔操作を実現するためには，正しい権限をもった人や組織からのアクセスのみを可能にする必要があります。簡便かつ安全に外部からの操作を可能とすることは，情報リテラシーの低い人にとって気楽に詳しい人にお願いできるようになるという点で，QoE 向上に大きく貢献することでしょう。

情報リテラシーの高い視聴者にとっては，強い興味を抱けるサービスであるか否かが大きな問題になるでしょう。サービス加入や1つ1つのサービスを利用する難易度はあまり大きな問題ではありません。むしろ，いかに楽しく便利なサービスを提供してもらえるかが重要だと思われます。

　そこで，IPTVの提供するサービスとCATV，チューナーつきパソコンの提供するサービスとのちがいを検討してみましょう。現状では，IPTVの機能は基本的にパソコンでも可能なようです。さらに，映像を視聴する部分だけを検討した場合，CATVと差別化要因を考えるのは非常に困難です。多チャンネルもVODもIPTVだけの強みではないのです。

　一方，情報リテラシーの低い視聴者にとっては，設定の困難さ，操作のむずかしさは，大きな問題です。所望の操作をいくら頑張ってもできないという状況では，どんなに楽しく便利なサービスが存在しても，それを享受することはできません。

　そして，このような情報リテラシーの低い視聴者に対しては，IPTVの通信の特性を活かして，遠隔からの操作を可能とすることで，IPTV導入の閾値低下や実利用時に発生するであろう各種問題の解決を気軽に助けてもらえる状況づくりがQoE向上につながるという考察がされました。

4.7.2　既存のサービスの品質を向上させるためのウォークスルー
■ EPGの改善

　続いて，すでに，もしくはすぐに実施されるであろうサービスについてウォークスルーすることで，現状の改善の方法について検討したいと思います。

　そのようなシナリオのひとつとして，コンテンツを選択して視聴するという行動があります。チャンネルを回してコンテンツを選択する行為はアナログのテレビでも一般的に行なわれているため，EPGを用いて行なうコンテンツ選択について，今までのペルソナでウォークスルーしてみましょう。シナリオは図4.31のとおりです。

　EPGを表示し，コンテンツを探索的に探す，ジャンルで検索をする，レコ

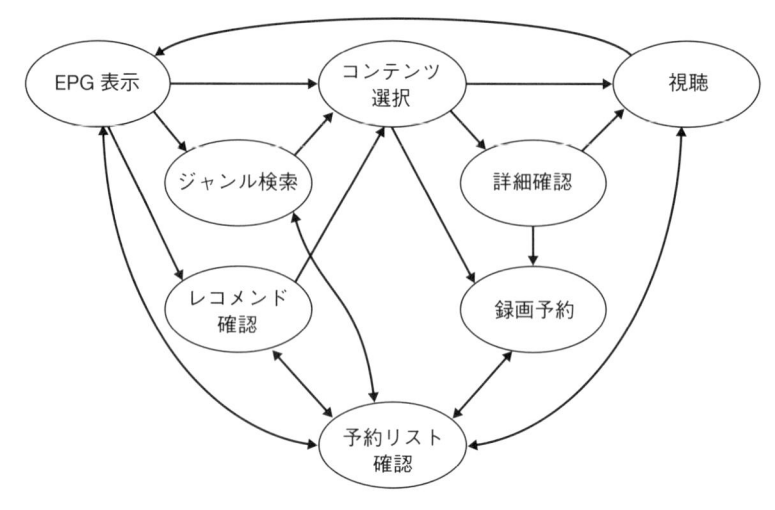

図 4.31　コンテンツ選択シナリオ

メンドを確認する，という 3 つの行動が想定されます．コンテンツを選択した場合，そのまま視聴する，詳細を確認する，録画の予約をする，という行動が想定されます．また，予約されているリストの確認は任意のタイミングで可能となっています．

(1) 電電太郎さん

「地デジになってから，チャンネルの変更はもっぱら EPG です．EPG をぐるっと眺めれば，何をやっているかわかります．最近，EPG での内容の詳細が減っている気がします．ただ，地上波 10 チャンネル，BS 13 チャンネルが並んでいると，EPG を見るだけでもたいへんです．ちょっと先まで見ておかないと，おもしろい番組を見逃す可能性もありますから．

チャンネルを換えるときに，使い方で困ることはありませんが，読むのが面倒になって，ちゃんと見ないで決めちゃうことはよくあります．」

(2) 横須賀厚子さん

「EPG はふだんからよく使いますが，とくに不満を感じたことはないですよ．EPG がない生活に戻るのはたいへんかな．

うちは，テレビとDVDレコーダで，EPGの向き（時間の方向）とか使い方とか全然ちがうんですよ。まぁ，ちがうメーカーを買っちゃったのが悪いんですけど。でも，基本的にはやっぱり便利に使っています。」

(3) 武ひかるさん

朝はニュースのながら視聴，夜もなんとなくで，テレビを観るってことはないから，ふつうの人に比べたらチャンネルを換える回数が少ないんじゃないかな。観るチャンネルは決まっているからカスタマイズしておきたいな。そうすれば，大切な情報が埋もれてしまって見づらいってことがなくなるからね。」

(4) 菜葉トメさん

「これ（EPG）は，字が小さくてたいへんだね。あんまりたくさん字が並んでいると，読むのもたいへんでしょう。やっぱり，チャンネルを換えるのは，上下みたいなボタンか，数字のボタンを押すよ。」

　上記のようなチャンネル選局に関するウォークスルーから，IPTVでさらに大量なコンテンツが存在する環境下でのEPGのあり方について改善する必要があると考えられます。

　いうまでもなく，コンテンツが200個，どんなものが映っているかまったくわからない状況で存在した場合，チャンネルを1つ1つ回して自分が見たい映像を探すことはおそらくしないでしょう。また，高齢者にとって，細かい文字がたくさん並んだEPGは，情報を入手しようという意欲をなくしてしまう存在のようです。

　現在の地上デジタルテレビで用いられているEPGは，基本的に新聞のテレビ欄と同様，文字によって番組の情報を記述するにとどまっています。これを読んで好みの映像を探すのも非常に困難になってしまいます。たとえば，好みのコンテンツが一目でわかるような提示方法であるとか，お勧めコンテンツをハイライト表示するような提示方法であるとかがひとつの解決策と考えられます。

　一例として，図4.32に文字情報のみで構成されたEPG（a）とEPGに代表

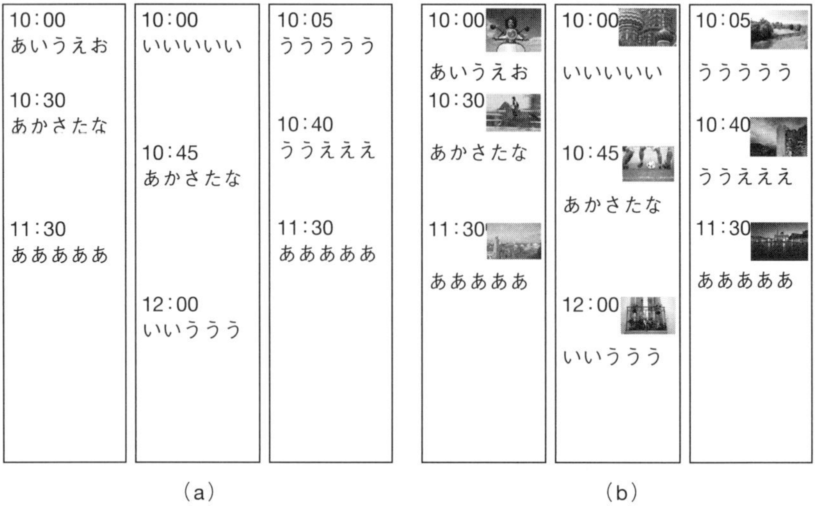

図 4.32　EPG での表示

画像を加えた場合（b）を示してみます．これは，たった3チャンネルぶんの情報を示したのみですが，そのちがいの大きいことがわかると思います．コンテンツ数が増えればさらに効果を発揮するでしょうし，単に1枚の代表画像だけではなく，複数枚にしたりプロモーション映像にしたりすることも考えられます．

さらに，コンテンツのレコメンドという観点から考えると，現在，口コミが注目されています．その代表のひとつに，化粧品の口コミサイトである @cosme があり，ご存知の方も多いでしょう．@cosme は化粧品についての情報をみんなで寄せ合うサイトであり，5,436,978 件（2008 年 1 月現在）もの口コミが投稿されています．このような，身近な専門家や共感をもてる人からの紹介というのは，ユーザにとってもっとも信頼のおけるレコメンデーションになっています．このような口コミをサポートすることで，コンテンツ選択のクオリティは大幅に向上することが期待されます．

また，アマゾンドットコムをはじめとして，多くのEコマースサイトではレコメンド機能を搭載しています．アマゾンドットコムのレコメンド機能と

は，「この本を買った人は，こんな本も買っています」，「あわせて買いたい！」というものです．同じ志向をもった人が買った本を提案することでユーザに新たな気づきを与えるこの手法も，ユーザに新しい発見を与え，有益なコンテンツに到達するユーザのクオリティを向上させることが期待されます．

そのほか，ニュースサイトでも「あなたにお勧めの記事はこれです」というようなレコメンドが行なわれるなど，個人向けのレコメンドや表示のパーソナリゼーションは研究段階から徐々に実用化の段階に移ってきたといってよいでしょう．

レコメンデーションの方法には，アマゾンなどで採用されている協調フィルタリング方式，機械学習によってユーザの行動履歴を判断して適切なレコメンデーションをする方式，ルールに従って決められたレコメンドをする方式，またこれらを組み合わせて利用する方式などさまざまなものが存在しています．

■コミュニケーション機能の検討

次に，コミュニケーションに関するシナリオを検討してみたいと思います．

(1) 電電太郎さん

「テレビの話はほとんどしないです．なんとなく眺めているニュースなんかは，昼食時のネタにはなっているんでしょうね．情報源はテレビである必要はないんですが，なんとなく受動的に耳から入ってくるというのは楽でよいです．積極的に情報発信したいわけじゃないけど，話題ってあると便利ですからね．日常生活にしても，合コンにしても．」

(2) 横須賀厚子さん

「ドラマを観てないと，友達で集まったりしたときの会話についていけなくて寂しいんですよ．ドラマを観る理由の半分は楽しいからですけど，残りの半分は友達と話をするためですね．昔なつかしのドラマは友達も昔は観ていたわけだから懐かしみながら話ができるけど，マイナーなドラマはダメですね．だって，話をしても盛り上がらないでしょ．」

(3) 武ひかるさん

「僕の世界はマニアの世界だからね，マニアどうしは盛り上がる．すごく盛

り上がるけど，興味がない人にとってはまったく興味がない世界だからね。マニアが集まったら，その情報交換をするだけで楽しいんだよ。」

(4) 菜葉トメさん

「私たちは，テレビを観て，おしゃべりして，そのくり返しだからねぇ。」

以上のウォークスルーから検討すると，テレビ視聴とコミュニケーションというのは非常に密接に関連しており，とくにマイナーなコンテンツを取り扱う場合，そのコンテンツについてコミュニケーションをする機会を提供することがきわめて重要であると考えられます。

実際，2ちゃんねるのTV系の掲示板では1分あたり5件以上のコメントが書かれているなど，映像についてコミュニケーションを取りたいというニーズが確実に存在することが知られています。

NTTグループでも，おしゃべりMovieという映像視聴とチャットを同時に楽しめるようなサービスを行なってきました。このおしゃべりMovieは，IPTVではなくウェブ上でのサービスですが，半分では映像がストリーミング配信され，もう半分では映像のシーンに連動して切り替わるコメント欄が表示

図4.33 おしゃべりMovie

されます．視聴者は，映像を視聴したり，コメント欄を読んだりと，映像とコミュニケーションを同時に楽しむことができるようなシステムとなっています（図4-33）．

このように，映像視聴とコミュニケーションがシームレスに可能なこと，またユーザどうしがおたがいどのシーンに対して強い興味をもっているのかがわかることなどは，ユーザの体感品質向上につながるでしょう．とくに，ニッチコンテンツでは興味をもつ仲間を見つけることが困難という問題も同時に解決できるため，効果が大きいと思われます．

4.7.3　まとめ

本章の終わりに，現在の家電やネットワークその他の環境を踏まえた考察をし，まとめにしたいと思います．

ここ数年で，国内のデジタル放送がハイビジョン放送を開始し，また液晶やプラズマを用いたフルHDの薄型大画面テレビが普及しはじめたことから，今後のIPTVはハイビジョンクラスの映像品質が提供できることが求められるでしょう．また，2011年には地上放送においてアナログ放送からデジタル放送に完全に置き換わる予定であることから，IPTVでも地上デジタル放送が視聴できるようになります．

詳細を解説しませんが，総務省がまとめた地上デジタル放送のIP再送信では，サービス内容および受信端末の機能や性能によって生じるサービスの体感品質（QoE）のちがいについて，サービス提供者が説明責任を負うことが明示されるなど，IPTVの世界でもQoEの注目度は上がっています．

NTTグループでは，IPTVを次世代のネットワークであるNGNにおいて実現したひかりTVというブランドを2008年3月に商用化しています．IPTVとして地上デジタル放送のIP再送信，IP放送，VODサービスをハイビジョン品質での提供を開始しました．IPTVの実現方式は，国内仕様策定団体であるIPTVフォーラムの仕様に基づいています[27]．この仕様は3章で述べたITU-TでのFG-IPTVの提案内容に整合しています．優良な多数の放送用コン

テンツの有効活用の観点から，ARIB，TTC などの標準化団体との整合性も考慮されております。IPTV フォーラムでは，2008 年，2011 年と段階的に IPTV サービスを拡充することを視野に入れています。図 4.1 をもう一度ごらんください。IPTV サービスには多くの事業者（コンテンツプロバイダ，サービスプロバイダ，ネットワークプロバイダ，ユーザ端末）がかかわります。そして，それが可能なようにモニタリングシステムを配置する必要があります。

コンテンツプロバイダの準備するコンテンツの QoE，サービスプロバイダが提供するサービスの品質，ネットワークプロバイダの提供するネットワークの品質，ユーザが入手する端末の品質，これらすべての品質が IPTV の品質に深くかかわります。これらの品質のなかには，サービス開始前に検討し設定するもの（行なうサービス，価格，オリジナル映像の画質など）と，サービス中につねに監視し適切な状態を維持すべきもの（パケットエラー率，受信時の画質など）があります。

サービス開発やサービス開始前からサービス中まで，高い QoE を維持するための活動は，非常に多岐にわたることがおわかりいただけたと思います。

参考文献

[1] ITU-T FG IPTV document 181, IPTV Architecture.
[2] ITU-T Recommendation P.810（1996）Modulated noise reference unit
[3] ITU-T Recommendation P.930（1996）Principles of a reference impairment system for video
[4] ITU-R Recommendation BT.500 Methodology for the subjective assessment of the quality of television pictures
[5] ITU-R Recommendation BS.1116（1994）Methods for the subjective assessment of small impairments in audio systems including multichannel sound systems
[6] ITU-R Recommendation BT.802-1（1994）Test Pictures and Sequences for Subjective Assessments of Digital Codecs Conveying Signals Produced According to Recommendation ITU-R BT.601
[7] ITU-R Recommendation BT.1201（1995）Extremely High Resolution Imagery
[8] ITU-T Recommendation P.920（2000）Interactive test methods for audiovisual communications

[9] http://www.its.bldrdoc.gov/vqeg/
[10] http://www.its.bldrdoc.gov/vqeg/projects/multimedia/index.php
[11] ITU-R Recommendation BT.1122-1 (1995) User Requirements for Emission and Secondary Distribution Systems for SDTV, HDTV and Hierarchical Coding Schemes
[12] ITU-R Recommendation BS.1116-1 (1997) Methods for the subjective assessment of small impairments in audio systems including multichannel sound systems
[13] ITU-R Recommendation BT.500-11 (2002) Methodology for the subjective assessment of the quality of television pictures
[14] ITU-T Recommendation J.144 (2001) Objective Perceptual Video Quality Measurement Techniques for Digital Cable Television in the Presence of a Full Reference Series J : Cable Networks and Transmission of Television, Sound Programme and Other Multimedia Signals Measurement of the Quality of Service
[15] ITU-R Recommendation BS.1387 (2001) Method for objective measurements of perceived audio quality
[16] ITU-T Recommendation G.1070 (2007) Opinion model for video-telephony applications
[17] ITU-T Recommendation I.350 (1993) General aspects of quality of service and network performance in digital networks, including ISDNs
[18] ITU-T Recommendation Y.1530 (2007) Call processing performance for voice service in hybrid IP networks
[19] ITU-T Recommendation Y.1540 (2007) Internet protocol data communication service —IP packet transfer and availability performance parameters
[20] ITU-T Recommendation Y.1541 (2002) Network Performance Objectives for IP-Based Services
[21] ITU-T Recommendation Y.1542 (2006) Framework for achieving end-to-end IP performance objectives
[22] ITU-T Recommendation P.564 (2006) Conformance testing for narrowband voice over IP transmission quality assessment models
[23] ドナルド・A・ノーマン:『誰のためのデザイン?―認知科学者のデザイン原論』, 新曜社, 1990.1.25.
[24] JIS Z 8530 インタラクティブシステムの人間中心設計プロセス. 対応する ISO 規格は, ISO 13407 (1999) Human-centred design processes for interactive systems
[25] ITU-T FG IPTV document 187, Performance monitoring for IPTV
[26] ジョン・S・ブルーイット:『ペルソナ戦略―マーケティング, 製品開発, デザインを顧客志向にする』, ダイヤモンド社, 2007.3.16
[27] http://www.iptvforum.jp/

第5章 QoEの課題と今後の展望

本章では，ビジネスやデザインなどの観点も含めて，もう一度基本に戻って，QoE（Quality of Experience）の課題と今後の展望について考えてみることにします。

5.1 エクスペリエンスにこそ経済価値がある──経験経済・経験価値マネジメント

ビジネスの世界，経済の世界で，エクスペリエンスはどのようにとらえられているのでしょうか。ドナルド・A・ノーマンがユーザエクスペリエンス（UX）の重要性を説き，1996年にLauralee Albenが *ACM interactions* 誌に「Quality of Experience」[1]を発表したころから，エクスペリエンスの用語はだんだんとビジネスの世界でも注目されるようになってきました。また，すでに実世界での各種のテーマパークや企業のショーケースなどにおいても，エクスペリエンスという言葉が注目されていました。

これらの動きを受けて1999年には，B・J・パインとJ・H・ギルモアが，脱コモディティ化のマーケティング戦略として『経験経済（The Experience Economy）』を著わし，工業経済からサービス中心のサービス経済へ，そして経験経済へシフトしなければならないと述べて注目をあびました[2]。

また，同じ1999年にバーンド・H・シュミットは『経験価値マーケティング（Experimental Marketing）』[3]を著わし，2003年には『経験価値マネジメント（Customer Experience Management）』[4] 1)を著わして，マーケティン

---

1) 経験価値マネジメントは，顧客価値マネジメント，経験価値マネジメント，CXマネジメント，UXマネジメントなどさまざまなよび方をされます。CXマネジメントの「C」は顧客を意味し，ビジネス志向な視点を感じさせます。一方，「U」はユーザを意味し，技術的・デザイン的視点を感じさせます。

グは製品からエクスペリエンスへ移るべきであると主張しました。

このような動きは，製品・商品，サービスの価格競争，コモディティ化の現象のなかで差別化・優位化がむずかしくなってきていたビジネス界で，エクスペリエンス（マーケティングの世界では「経験価値」と訳されている）は，新しいビジネスのコンセプトとして期待されるようになってきたといえます。すなわち，コモディティ化した商品やサービスは，低価格化が進み，そこからは単なる提供機能しか感じられず，なるべく安ければよいと思われるのに対して，エクスペリエンスという言葉には，ワクワクするような商品・サービスの提供法，プロセスを含めた使用感，学びやすくわかりやすいデザイン，楽しさ，美的経験，感性，思い出など，客の経験価値を高めていくことになら高いお金でも喜んで払うだろうという期待が込められています。

このような経験価値のビジネスを深化・展開させていくために，経験価値マネジメント（CEM；Customer Experience Management）という方法が提案されています。その焦点は，顧客の経験価値（Experience）をマネジメントすることで，顧客の価値を高めることに当てられています。

この顧客経験マネジメントのフレームワークとして，次の5段階，すなわち，

- 顧客の経験価値世界の分析
- 経験価値プラットフォームの構築
- ブランド経験価値のデザイン
- 顧客インタフェースの構築
- 継続的なイノベーションへの取り組み

があげられています。なお，ここで述べられている経験価値プラットフォームとは望ましい経験価値を五感に訴える方法で描写したものであり，ブランド経験価値とはエスセティクス（美的経験），ルック＆フィール，メッセージ，イメージなどをさしています。また，顧客インタフェースとは顧客とのあらゆる接点をさしています。図5.1に，この経験価値マネジメントのフレームワークの5段階を示します。

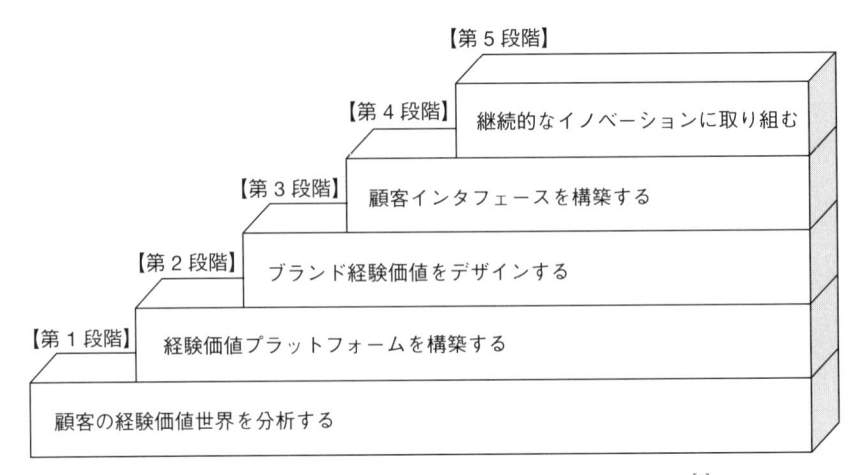

```
【第5段階】継続的なイノベーションに取り組む
【第4段階】顧客インタフェースを構築する
【第3段階】ブランド経験価値をデザインする
【第2段階】経験価値プラットフォームを構築する
【第1段階】顧客の経験価値世界を分析する
```

図 5.1　経験価値マネジメントフレームワークの 5 段階[4]

ところで，基本となっている顧客の経験価値世界とは，どういうことをさしているのでしょうか．その分析上，顧客の経験価値世界を，図 5.2 に示すように 4 つの層，すなわち，

- 顧客の社会文化的背景（消費者市場の場合），あるいはビジネスの状況（B2B 市場の場合）と結びついた広範な経験価値
- ブランドの使用や消費状況によって提供される経験価値
- 製品カテゴリーによって提供される経験価値
- 製品やブランドによって提供される経験価値

というように，広範で一般的な外側の層から始まり，より具体的な層に続き，最後にブランドの経験価値にたどり着くようにしたものが検討されています．この 4 つの層に分ける方法は，経験価値世界の 4 層についての明確なイメージをつくり出し，幅広い層をより特定の層へ落とし込むことを目標としています．

また，顧客とのあらゆる接点での顧客価値を把握する活動は，顧客の意思決定プロセスを明確にし，顧客の経験価値を高められる方法の理解を深めていくことにあるといわれています．たとえば，顧客の意思決定プロセスには，ニー

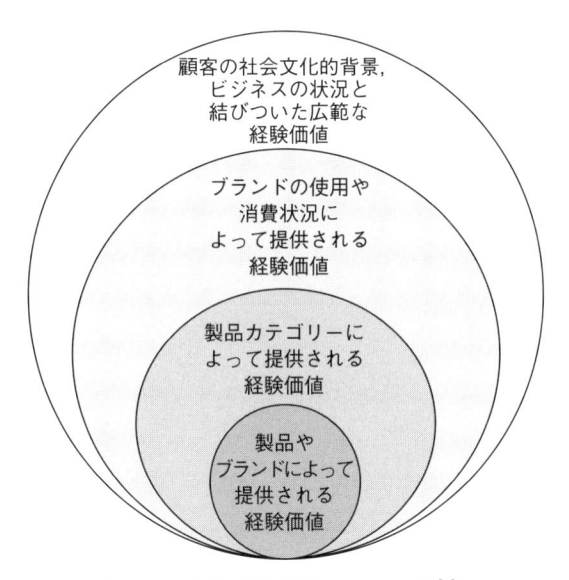

図 5.2 経験価値世界の 4 つの層[4]

ズの認識，広告などのうたい文句の探索，製品の機能・性能・品質情報の探索と比較・選択，価格情報の探索と比較・選択，（同じブランドのもの，同じカテゴリーのもの，他のブランドのもの，まったく新しいカテゴリーのものなどを）購入，製品の使用・体験，製品の破棄などの段階における意思決定が考えられます。これらの意思決定プロセスのそれぞれの段階で，顧客との接点が生まれます。そして，これらの意思決定プロセスのすべての段階で経験価値を高めること，すなわち，QoE がビジネスの優位化に関連してくると思われます（図 5.2）。

なお，図 5.1 で示したブランド経験価値には，たとえば製品そのもの，ロゴとサイン，広告，サービスエンカウンターや電話応対，ウェブでのインタラクティブな接触など顧客が遭遇するすべての要素が関係しています。そして，ブランド経験価値の主要要素・キーとして，図 5.3 に示すように，

- 製品経験価値
- ルック＆フィール

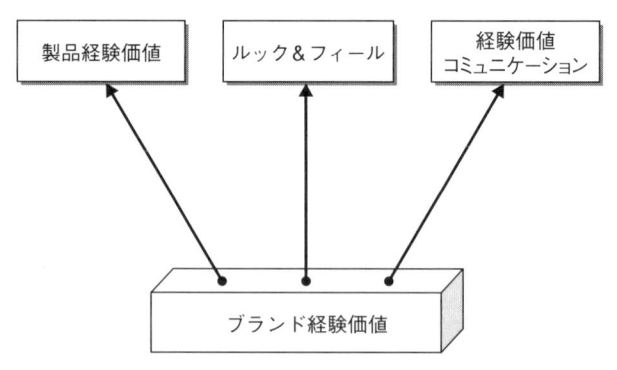

図5.3　ブランド経験価値の3つのキー[4]

● 経験価値コミュニケーション

の3つの要素があげられています．QoEの課題のひとつは，ビジネスの質との直接的な関係，前述した経験価値のマネジメントのなかでの直接的関係，顧客の経験価値をより高めていくことのキー方策を，QoEの視点からビジネス部門へも提言していくことであると思われます．

ここまでは，図5.1に示した経験価値マネジメントフレームワークのおもに第1段階についての概要を述べてきました．それでは，第2段階以降の，経験価値プラットフォームを構築し，ブランド経験価値をデザインし，顧客インタフェースを構築し，そして継続的なイノベーションに取り組んでいくためには，どのような企業活動を進めていけばよいのでしょうか．そのためにはどのような課題があるのでしょうか．5.2節以降でそれらについてみていくことにします．

まず，エクスペリエンスはどのようにデザインしていけばよいのでしょうか．5.2節で，デザイン・メソドロジー（方法論）の流れをみながら，今後の課題について考えていくことにします．

5.2 エクスペリエンスのデザインの方法論

5.2.1 人間中心設計（HCD）／ユーザ中心設計（UCD）

　エクスペリエンスのデザインを進めていくためには，システム側からではなく，人間・ユーザ側からの視点でデザインしていくという考え方が基本的に必要です。この考え方の基本になっているのが，人間中心設計（HCD；human-centered design）もしくはユーザ中心設計（UCD；user-centered design）です。

　英国ラフボロー工科大学のブライアン・シャッケル（Brian Shackel）を中心とするグループが長年行なってきた人間工学系の研究を基本として1995年にISOに提案され，1999年に国際規格化されたものとして，ISO13407 1999 Human-centered design processes for interactive systems（日本の翻訳規格は，JIS Z8530：2000 人間工学―インタラクティブシステムの人間中心設計プロセス）があります。

　そこでは，品質そのものの評価値を定めるのではなく，よい品質の製品やサービスを提供していくためにはデザイン活動のプロセスが大切であり，そのための方法論を提示しています。そのプロセスは図5.4に示すように4つのステップ，すなわち，

- 利用文脈の理解と明確化
- ユーザや組織の要求の明確化
- デザインソリューションの生成
- デザインを要求内容に照らして評価

する活動から構成されています。なお，これらに関する評価法やテスティング法なども詳細に検討されています[5]～[7]。

　この方法論に従って，さまざまな製品やサービスの品質向上への取り組みがなされてきました。しかしながら，この方法論を企業活動として具体的に定着させていくためには，単にユーザビリティなどに関連したグループだけではなく，全体としての企業内のカルチャーそのものを人間（客）中心の考え方にし

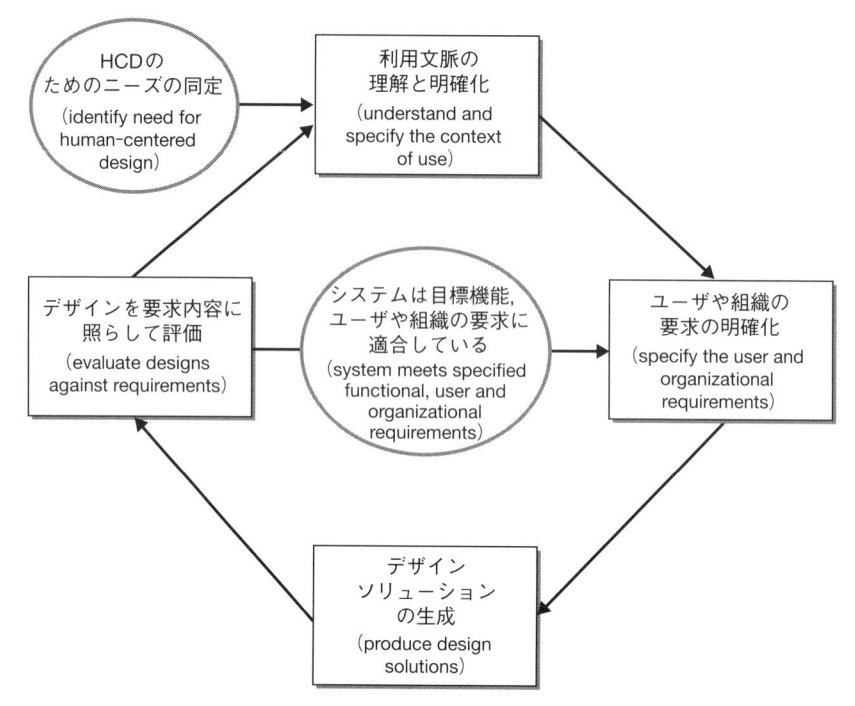

図5.4 人間中心設計活動の流れ（ISO 13407）[6]

ていく必要があることが指摘されるようになり，企業活動の HCD に関する成熟度（maturity）が問題にされるようになってきました。すなわち，人間中心のデザイン活動や品質向上活動のマネジメントが課題になってきたのです。

なお，UCD というのは，前述のドナルド・A・ノーマンなど米国を中心に，それまでのシステム側からの見方ではなく，ユーザの視点を中心にして製品やサービスをデザインしていくべきであるとの主張を実行するための同様の方法論の集合体をさしています。製品やサービスのよいインタフェースを実現するためのさまざまなインタラクションデザイン方法などが考えられています。この場合にも同様に，デザインや品質に関連したグループとしての問題ではなく，企業全体としてのユーザ中心のデザイン活動や品質向上活動のマネジメントが課題となってきています。なお，ノーマンが大学から企業に移り，そこで

UXのグループを率い，続いてさまざまな企業のコンサルタント活動を始め，このマネジメントの課題の重要性を説いているのも，このような動きから出てきたものといわれています[2]。

5.2.2 アクティビティ中心設計（ACD）

5.2.1項で述べたHCDは，マクロにみると，おもに製品の悪いところを改善し，失敗を回避し，使える製品にするという設計方法として有効なものでした。そして，ある与えられたタスクを遂行することに焦点が当てられていました。

これに対して，HCD（UCD）を推進していたと思われるノーマン自身から，HCDのみを考えていただけでは不十分であることが指摘されました[8]。そして，むしろ人間が社会的環境のなかで行なっている学習を伴う活動（activity）というものに焦点を当てた設計法，すなわちアクティビティ中心設計（ACD；activity-centered design）を導入すべきであると提起しています[9]。

この設計法の基底にあるものは活動理論（activity theory）とよばれるもので，文化・歴史的環境のなかでの主体（Subject）と対象（Object）と，それらを媒介するアーティファクト（mediating artifact）からなる「複合的な媒介された行為（Mediated act）」にかかわる研究が行なわれています。その活動理論からのアプローチでは，人は自らの活動システムのなかで発達的な転換，拡張による学習を行ない，集団的に発達していくとも述べられています[10]。いわば，HCDが人間個人に焦点を当てられていたのに対して，活動の概念は個人という主体と共同体との複合的な相互関係に焦点が当てられているとみることもできます。

このような背景をエクスペリエンスのデザインへ適用することを考えていくと，ACDはタスクよりも広い概念のアクティビティを対象としており，文化・歴史的な環境を考慮した，よりコンテクストアウェアな設計方法と考える

---

2) HCDとUCDはきわめて類似した考え方です。欧州では，H（Human）が使われ，米国ではU（User）が使われる傾向があるようです。根底には，社会・文化的視点とビジネス的視点の差が少し感じられます。

こともできます。

　コンピュータや情報通信のサービス開発，エクスペリエンスのデザインを行なおうとしている私たちは，まさに，これまでの技術の発達，各種のアーティファクト（人工物）という文化・歴史的な環境に囲まれ，自らの活動システムのなかで発達的な転換，拡張による学習を行ない，集団的に発達していくという状況にあるのです。

　なお，ノーマンは，アクティビティとは，複数のタスクから構成され，コーディネイトされた（つりあいのとれた），インテグレイトされた（統合された）複数のタスクの集合（セット）をさすと言っています[8]。これは，ACD が，エクスペリエンスが，単一のタスクのなかでの体験にとどまらず，複数のタスクから構成されるアクティビティにおける体験をデザインするのにも適していることを示唆していると思われます。ノーマンは最後に，HCD も ACD の両方が必要であり，HCD もこれまでのものにとどまらず，より精錬していく必要があると指摘しています[9]。

5.2.3　UX のデザイン

　UX デザインについては，対象とする製品やサービスに応じて，これまでに述べた HCD や ACD なども参考にしながらさまざまな方法論が個別に提案されている状況にあり，一般的に確立した方法があるというわけではないようです。

　関係する従来のデザインに関連した方法論としては，インタラクションデザイン，インフォメーションアーキテクチャ，ユーザビリティ，アクセシビリティ，ヒューマン・コンピュータインタラクション，ヒューマンファクターエンジニアリング，ユーザインタフェースデザイン，ナビゲーションデザイン，ビジュアルデザインなどがあり，これらを総合しつつデザインしていくトライアルが続けられています。

　一方，5.1 節で述べた経験価値マネジメント[4]のなかでは，新製品開発におけるさまざまな段階において UX のデザイン，すなわち経験価値マネジメント

アプローチによるデザイン方法を提起しています。

多くの企業が用いている典型的な新製品の開発プロセスは，

①市場の評価

②アイデアの立案

③コンセプトの検証

④製品のデザイン

⑤製品の検証

の5段階から構成されています。この各段階にUXのデザイン方法を組み込むと，

①の段階は，顧客の経験価値世界の分析

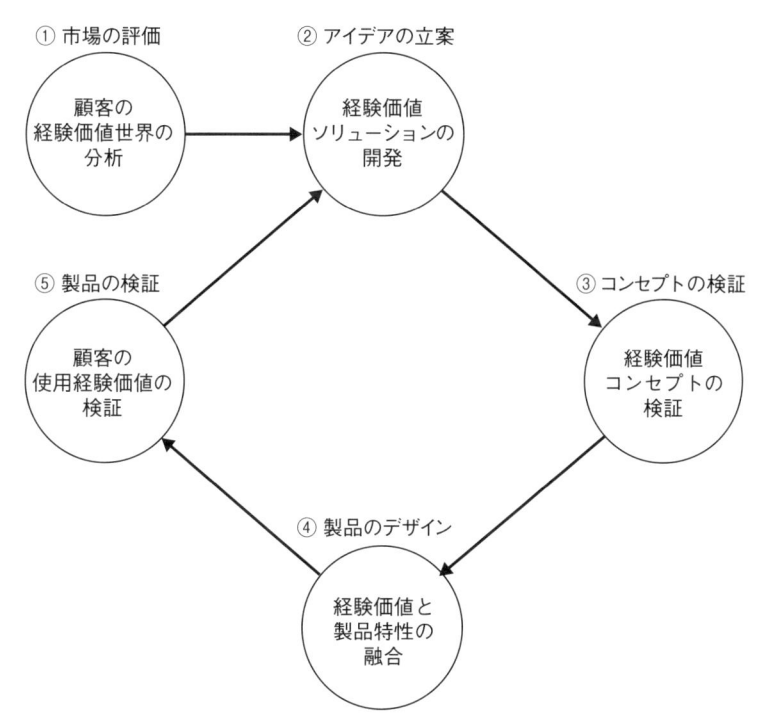

図5.5 新製品開発の5段階への経験価値マネジメントアプローチ[4]

②の段階は，経験価値ソリューションの開発
③の段階は，経験価値コンセプトの検証
④の段階は，経験価値と製品特性の融合
⑤の段階は，顧客の使用経験価値の検証

になってきます。これらを，図5.4のHCD活動の流れになぞらえてイメージ化したものを，図5.5に示します。また，具体的な製品開発に経験価値を組み込んだ場合の例を同様に図5.4のHCD活動の流れになぞらえてイメージ化したものを，図5.6に示します。

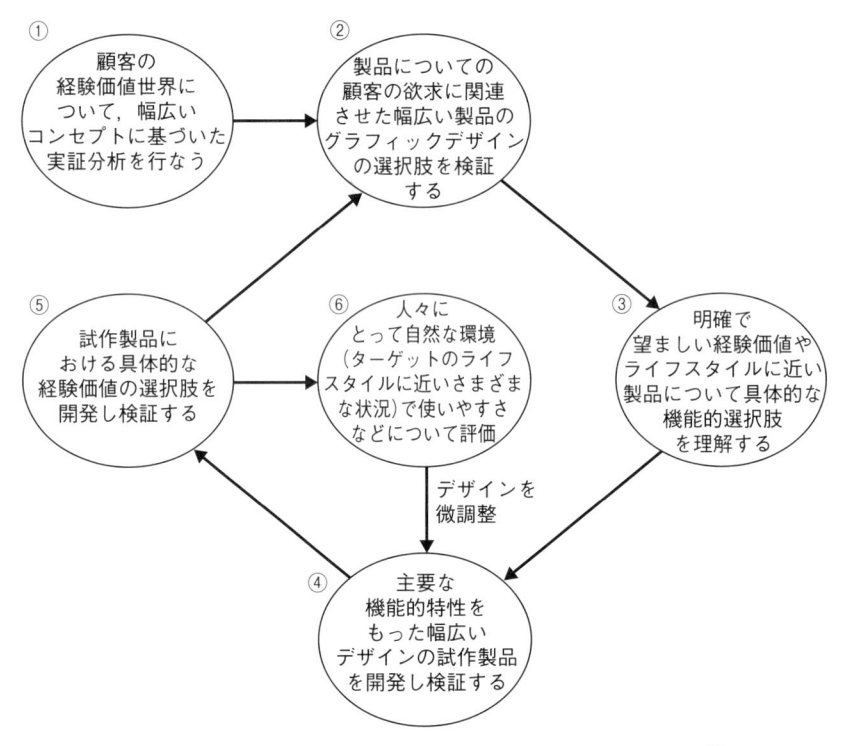

図5.6 具体的な製品開発に経験価値を組み込んだ場合の例[4]

5.2.4 UXのデザインガイドラインの試み

ETSI (European Telecommunications Standards Institute) では, 「テレケア (E ヘルス) サービスのためのユーザエクスペリエンスデザインガイドライン」が検討されています[11]。そこでは, パーソナルモニタリング, セキュリティマネジメント, 電子的援助技術, 情報サービスを使って個人の健康と福利をサポートしようとしています。このデザインガイドラインは, テレケアサービスとその諸要素のUXを最適化するために適用されるものです。

具体的なガイドラインとして現在13のガイドラインが検討されていますが, テレケアサービスの性格上, UXとして, まずユーザの信頼 (User's trust) を最重要視している点が目を引きます。すなわち, デザインガイドラインは, ユーザの視点 (原文ではヒューマンファクターの視点) から以下の3つのグループに分けて考えられています。

● ユーザの信頼 (User's trust)

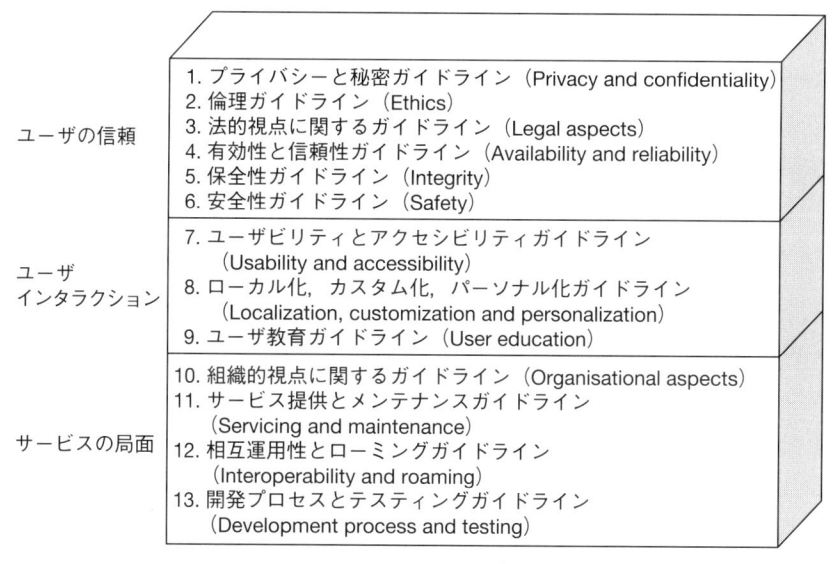

ユーザの信頼	1. プライバシーと秘密ガイドライン (Privacy and confidentiality) 2. 倫理ガイドライン (Ethics) 3. 法的視点に関するガイドライン (Legal aspects) 4. 有効性と信頼性ガイドライン (Availability and reliability) 5. 保全性ガイドライン (Integrity) 6. 安全性ガイドライン (Safety)
ユーザインタラクション	7. ユーザビリティとアクセシビリティガイドライン (Usability and accessibility) 8. ローカル化, カスタム化, パーソナル化ガイドライン (Localization, customization and personalization) 9. ユーザ教育ガイドライン (User education)
サービスの局面	10. 組織的視点に関するガイドライン (Organisational aspects) 11. サービス提供とメンテナンスガイドライン (Servicing and maintenance) 12. 相互運用性とローミングガイドライン (Interoperability and roaming) 13. 開発プロセスとテスティングガイドライン (Development process and testing)

図 5.7 テレケア (E ヘルス) サービスのための UX デザインガイドラインの構造[11]

- ユーザインタラクション（User interaction）
- サービスの局面（Service aspects）

それぞれの具体的なガイドラインを図5.7に示します。この例が示すように，提供するサービスのおかれた社会的条件によって，重要視するエクスペリエンスを見極めることが大切です（このことは図5.2の経験価値世界の4つの層にも関係してきます）。

5.2.5 未来のモノゴトのデザイン

つい最近，ドナルド・A・ノーマンは『未来のモノゴトのデザイン（The Design of Future Things）』という本を著わしました[12]。そのなかで，図5.8

(1) スマートマシンのヒューマンデザイナーのためのデザインルール
 (Design Rules for Human Designers of "Smart" Machines)

① 豊かで，複合した，自然なシグナルを提供しなさい（Provide rich, complex, and natural signals）
② 予測可能なようにしなさい（Be predictable）
③ よい概念モデルを提供しなさい（Provide good conceptual models）
④ アウトプットを理解可能なようにしなさい（Make the output understandable）
⑤ 迷惑にならないように絶えず気づきを提供しなさい（Provide continual awareness without annoyance）
⑥ インタラクションを理解可能とし効果的にするために自然なマッピングを利用しなさい
 （Exploit natural mappings（to make interaction understandable and effective））

(2) 人々とのインタラクションを改善するためのマシンによって開発されたデザインルール
 (Design Rules Developed by Machines to Improve Their Interactions with People)

① モノゴトを簡単に保ちなさい（Keep things simple）
② 人々に概念モデルを与えなさい（Give people a conceptual model）
③ 理由を与えなさい（Give reasons）
④ 人々にコントロール中にあるように思わせなさい（Make people think they are in control）
⑤ 絶えず安心させなさい（Continually reassure）
⑥ 人間の行動に「エラー」というラベルをつけない（Never label human behavior as "error"）

図5.8 『未来のモノゴトのデザイン』におけるデザインルール[12]

に示すいくつかのデザインルールを示しています。最終章においてノーマンは，マシンと対話し議論をするというおもしろい試みをしています。そこでは，マシンは「過去においてはマシンをスマートにするのは人々でしたが，今や人々をスマートにするのはマシンです」と語っています。そこで，マシンとのインタビューから得られたデザインルールが述べられています。これらのデザインルールは，未来のエクスペリエンスのデザインにも基本となると思われます。

5.3 改めてエクスペリエンスの品質と総合評価を問う

5.3.1 エクスペリエンスとQoEの総合的展望

　これまで述べてきたエクスペリエンスとQoEには，同じ言葉でも，そのもつ意味合い，スコープの大きさ，視点・焦点などにさまざまなちがいが含まれていることを感じられたと思います。そこで，ここでは改めて総合的な視点から，エクスペリエンスとQoEをとりまく環境を俯瞰してみることにします。

　以下では，仮にUXのとらえ方を，説明の便宜上，
- UX-A（同一のタスク内，単一のサーバにかかわるエクスペリエンス）
- UX-B（複数のタスク連携，複数のサーバ連携にかかわるエクスペリエンス）
- UX-C（新しいインタフェース技術にかかわるエクスペリエンス）
- UX-D（製品・サービスに関連した全体的なライフサイクルにかかわるエクスペリエンス）
- UX-E（関連した製品・サービスのシリーズ全体のブランドにかかわるエクスペリエンス）

の5つに分類して，概観することにします。

(1) UX-A（同一のタスク内，単一のサーバにかかわるエクスペリエンス）（図5.9）

　エクスペリエンスの基本形態で，たとえばIPTVの例では，コンテンツプロ

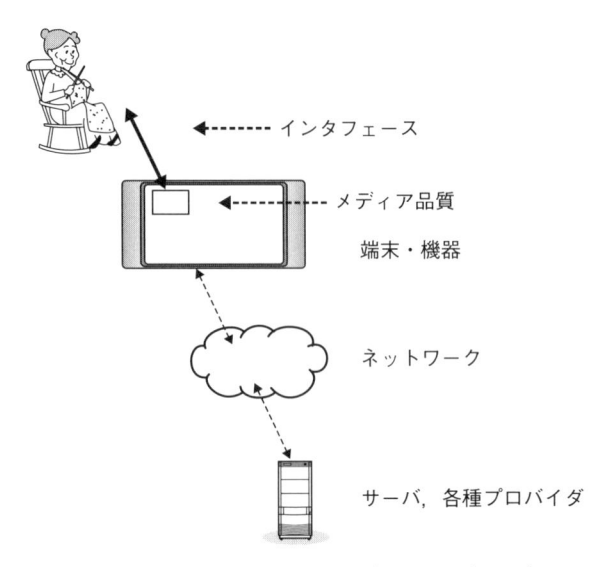

図 5.9　エクスペリエンスの総合的展望（UX-A）

バイダのコンテンツを，サービスプロバイダが，ネットワークプロバイダのネットワークを介して，一般家庭に提供している場合には，ヒューマンインタフェース要因，メディア品質（音質，画質など）や映像を見るモニタの画面の大きさなどをはじめとする端末・機器要因，ネットワーク要因，サーバや各種プロバイダ要因などがユーザのエクスペリエンス，QoE に関連してきます。とくに，ヒューマンインタフェースはユーザが直接操作するものであり，コンテンツを探したり予約したりというインタフェースにまつわるさまざまな行動が，エクスペリエンスと QoE を大きく左右します。

(2) **UX-B**（複数のタスク連携，複数のサーバ連携にかかわるエクスペリエンス）（図 5.10）

　これは，前項の UX-A におけるエクスペリエンスと QoE の諸課題に加えて，複数のサービスのタスク連携，すなわち総合的なアクティビティにかかわるエクスペリエンスと QoE が関係してきます。たとえば，IPTV の場合には，EPG（電子番組表），ECG（電子コンテンツガイド）あるいはレコメンド機

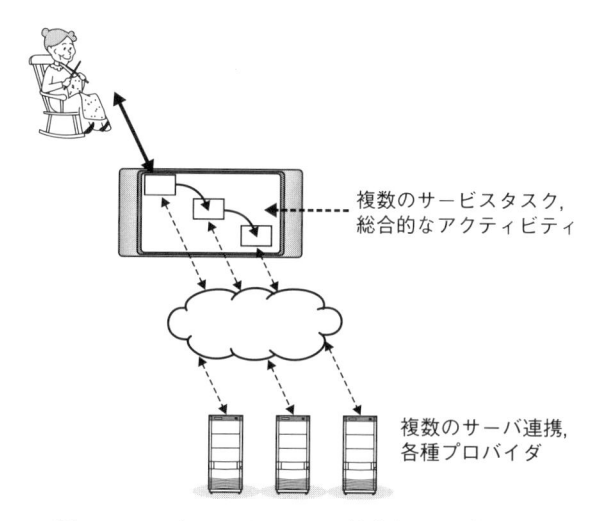

図 5.10　エクスペリエンスの総合的展望（UX-B）

能，コンテンツのポータルナビゲーション機能，提供映像などに関連したコミュニケーション機能などが提供される場合には，ユーザはダイナミックなシーケンスにわたるアクティビティを総合的にエクスペリエンスすることになり，このときの総合的な QoE が課題となると思われます．

(3) **UX-C（新しいインタフェース技術にかかわるエクスペリエンス）（図 5.11）**

　最近のヒット商品の傾向として，多機能・高機能といった仕様の優劣ではなく，ユーザインタフェースの新しさや使い勝手の良さや質感といった総合的なユーザ体験で勝負する機器が台頭してきたなどといわれるときに，Wii があげられることがよくあります．このように，やはりユーザインタフェース自体の新奇性も忘れることのできないエクスペリエンスと QoE に関係してきます[13]．

　また最近，研究レベルのアイデアであった各種の認識技術が実用化のレベルとなり，ユーザに新しい体験を提供する動きが多くなってきています．たとえば，以下のような例が登場してきました[14]．

- ジェスチャーを使って機器を操作（例：立体映像として浮かんで見えるア

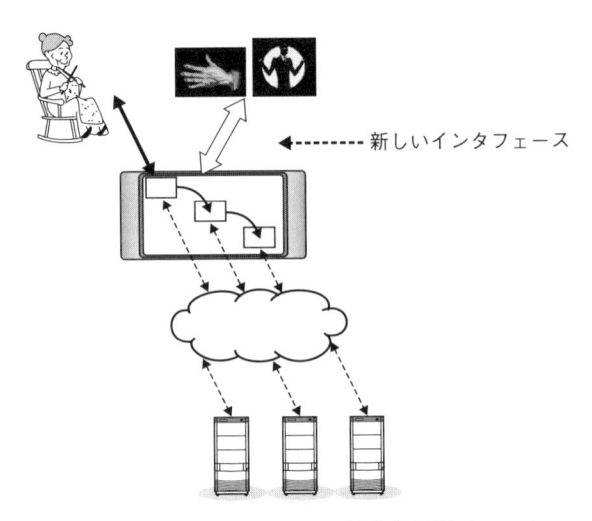

図 5.11　エクスペリエンスの総合的展望（UX-C）

イコンを手でつかんで，左側にあるカーナビに投げるような動作をすると，そのアイコンに応じてカーナビの画面上に検索結果などが出てくる）
- 拍手の音と手先の動きを認識してテレビを操作（例：テレビの上部に設置したマイクで拍手の音をとらえ，拍手のタイミングと回数によって操作する。手先の位置でアイコンを指定したり，指先の曲げ伸ばしによってアイコンをクリックする）
- 顔認識によるインタフェース（例：来店者にあわせた広告ディスプレイの表示など）
- 人体通信によるインタフェース（例：人間が手をかざしただけで発生する微小な静電容量の変化をとらえることができる新しいユーザインタフェース）

このように，いわゆる次世代ユーザインタフェース技術といわれているものは，ユーザに新たなエクスペリエンスを提供するとともに，その QoE は，たとえば各種の認識率，ジェスチャーとの整合性，体感と操作量との整合性，社会的受容度など，改めて技術のイノベーション，技術の性能と人の感覚の諸関

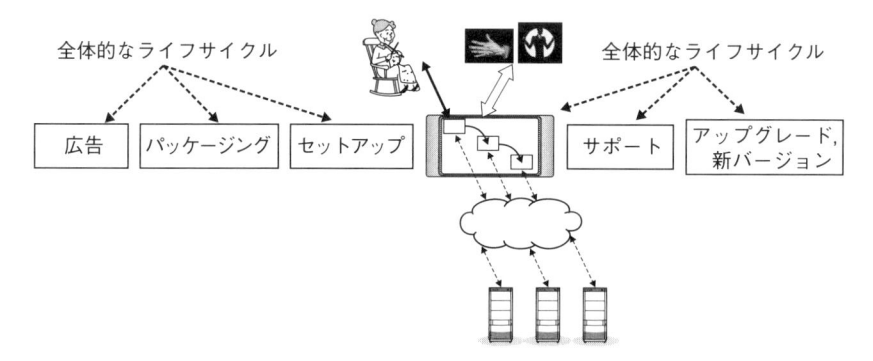

図 5.12　エクスペリエンスの総合的展望（UX-D）

係などという基本に戻った品質が求められてくることが想定されます。そして，改めてヒューマンファクターやエルゴノミクス，社会心理などの深堀が求められてくると思われます。

(4) **UX-D**（製品・サービスに関連した**全体的なライフサイクル**にかかわるエクスペリエンス）（図 5.12）

　ユーザは，あるサービスのあるタスクやアクティビティを行なっているあいだだけエクスペリエンスを感じているわけではありません。たとえば，広告，パッケージング，セットアップ，サポート，アップグレード，新バージョンへの移行などに対しても，望ましいエクスペリエンスを期待しています。(1)〜(3) のエクスペリエンスや QoE の課題に加えて，このような製品やサービスに関連した全体的なライフサイクルにかかわるエクスペリエンスと QoE の課題にも対応していく必要があります。

(5) **UX-E**（関連した**製品・サービスのシリーズ全体のブランド**にかかわるエクスペリエンス）（図 5.13）

　ユーザは，製品やサービスとの直接的なエクスペリエンスに加えて，たとえばその企業の複数の製品のルック＆フィールを通して商業的につくりあげられたコミュニケーション（パンフレット，印刷媒体広告やテレビ広告，ウェブサイトのデザインなど）を通して，そしてまた店舗デザインなどを通して，ブラ

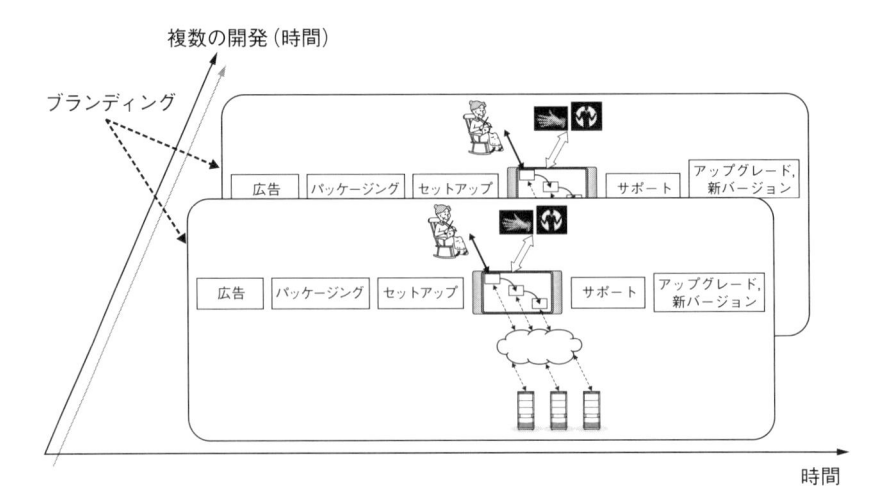

図 5.13　エクスペリエンスの総合的展望（UX-E）

ンドをエクスペリエンスしています．このように，最終的には関連した製品・サービスのシリーズ全体のブランドにかかわるエクスペリエンスやその QoE も課題となってきます．

5.3.2　システムの受容性とユーザビリティの評価・品質

　エクスペリエンスの品質評価の基本には，少なくともそのシステムやサービスがユーザに受け入れられ，快適に使えることが必要です．

　ユーザビリティエンジニアリングの先駆者の一人であるヤコブ・ニールセン（Jakob Nielsen）は，製品がユーザに与えうる全体的な価値として，「システムの受容性」（System acceptability）という広い概念を提唱しています[5]．

　システムの受容性とは，システムがユーザおよびそのクライアントや管理者すべてのニーズと要求を満たしているかということをさしています．そして，コンピュータシステムの総合的な基本条件には社会的受容性と実務的受容性の両方があり，後者の一要素として「ユーザビリティ」（Usability）を位置づけています．図 5.14 にシステム受容性の構成を示します．

```
システムの受容性          社会的受容性
(System acceptability)   (Social acceptability)

                         実務的受容性              有用性              機能性
                         (Practical acceptability) (Usefulness)        (Utility)
                                                                      ユーザビリティ     学習しやすさ
                                                                      (Usability)       (Easy to learn)
                                                  コスト                                利用の効率性
                                                  (Cost)                                (Efficient to use)
                                                  互換性                                記憶しやすさ
                                                  (Compatibility)                       (Easy to remember)
                                                  信頼性                                エラーの少なさ
                                                  (Reliability)                         (Few errors)
                                                  その他                                主観的な喜び
                                                  (Etc.)                                (Subjectively pleasing)
```

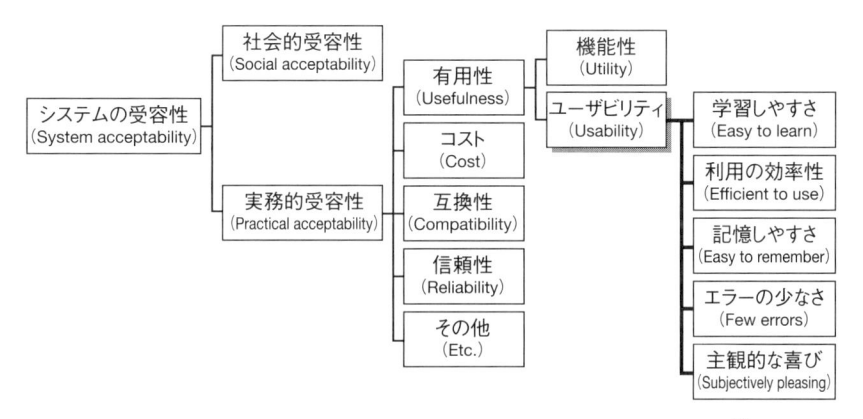

図 5.14 システムの受容性の構成とユーザビリティの位置づけ[5]

　ユーザビリティの評価項目としては，図 5.15 に示すように，学習しやすさ，利用の効率性，記憶しやすさ，エラーの少なさ，主観的な喜びの 5 つがあげられています。このうち最初の 4 項目はエクスペリエンスの基底条件になるもので，それらが損なわれるとエクスペリエンスを台無しにしてしまうことも想定されます。そして，最後の項目はまさに楽しいエクスペリエンスを提供しようとしたときなどに関与してくる評価項目・品質です。
　このように，ユーザビリティの評価項目ならびに品質は，エクスペリエンスデザインの評価項目・品質としても，基本的には参考になると思われます。た

ユーザビリティ (Usability)	学習しやすさ (Easy to learn)	システムは，ユーザがそれを使って作業をすぐ始められるよう，簡単に学習できるようになっていますか
	利用の効率性 (Efficient to use)	システムは，一度ユーザがそれについて学習すれば，あとは高い生産性を上げられるよう，効率的な使用が可能になっていますか
	記憶しやすさ (Easy to remember)	システムは，不定期利用のユーザがしばらく使わなくても，再び使うときに覚え直さないで使えるよう，覚えやすくなっていますか
	エラーの少なさ (Few errors)	システムは，エラー発生率が低く，使用中にエラーを起こしにくく，エラーが発生しても簡単に回復でき，致命エラーが起こらないようになっていますか
	主観的な喜び (Subjectively pleasing)	システムは，ユーザが個人的に満足できるよう，また好きになるよう，楽しく利用できるようになっていますか

図 5.15 ユーザビリティの評価項目の内容の例[5]

だし，これまでのユーザビリティテストは，基本的に悪い点を探し出して修正することを主としてきた感があるように思われます。新しいエクスペリエンスを評価するためには，よりポジティブな面の品質・価値を評価していく手法が必要になってくると思われます。

なお，製品がもたらすユーザの体験を改善していくためには，民族誌学（ethnography：実地調査（フィールドワーク）に基づいて社会や文化を記述する方法）の手法が有効であるともいわれています。

5.3.3 エクスペリエンスデザインの評価と QoE の例

エクスペリエンスデザインに関して，QoE の向上をめざしたデザインの評価項目と評価基準として，図 5.16 に示す 8 つの例があげられています[1]。

(1) ユーザに関する理解度（Understanding of users）
- デザインチームはユーザのニーズ，タスク，環境などをどの程度理解していましたか
- それらの理解をどの程度，プロダクトに反映させることができましたか

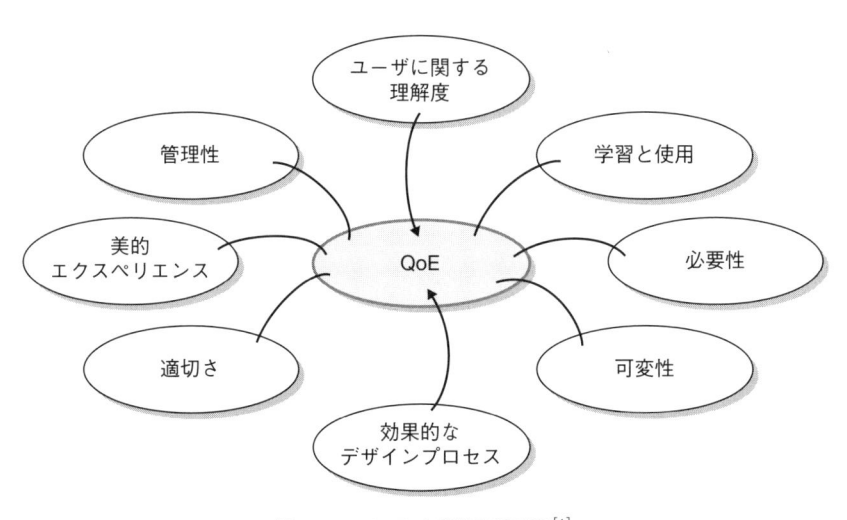

図 5.16　QoE の評価項目例[1]

(2) 効果的なデザインプロセス（Effective design process）
- プロダクトはよく考え抜かれ，うまく遂行されたデザインプロセスの成果となっていますか
- プロセスのなかで生じたおもなデザイン課題は何でしたか。その課題を解決するために使用した論理的根拠とメソドロジー（方法論）は何でしたか
- ユーザの参加，くり返しデザインサイクル，学際的コラボレーションとして，どのようなメソドロジー（方法論）をとりましたか

(3) 必要性（Needed）
- プロダクトはどのニーズを満足させていますか
- そのプロダクトは有意義な社会的・経済的・環境的な貢献をしていますか

(4) 学習と使用（Learnable and Usable）
- プロダクトは学びやすく使いやすいですか
- どのように始め，どのように進めていくかといったその目的がわかりますか。それは学びやすく覚えておきやすいですか。プロダクトの機能は自明で，自ずからユーザに伝えるようになっていますか
- スキルや問題解決の戦略などさまざまなユーザ経験のレベルを考慮して，ユーザがアプローチし使用することができるようになっていますか

(5) 適切さ（Appropriate）
- プロダクトのデザインは適切なレベルで適切な問題を解決していますか。プロダクトは効率的で実際的な方法でユーザに応対していますか
- 問題の社会的・文化的・経済的・技術的側面を考慮することが適切な解決に貢献しましたか

(6) 美的エクスペリエンス（Aesthetic experience）
- プロダクトを使用することは美的な喜びであり，感覚的に満足させるものですか
- グラフィックデザイン，インタラクションデザイン，情報デザイン，インダストリアルデザインといった各デザインの要素が連続して高いレベルで首尾一貫されたデザインとなっていますか。プロダクトのスピリットとス

タイルに矛盾がありませんか
- デザインは技術的な諸制約のなかでよく成し遂げられていますか。ソフトウェアとハードウェアの統合が成就されていますか

(7) 可変性（Mutable）
- デザイナーは可変性が伴うことが適切か否かを考慮しましたか
- 個人やグループの特殊なニーズやプレファレンス（好み）に合わせるためにうまく適応できるようになっていますか
- 新しい，まだ見えていない利用方法が出てきた場合に，プロダクトの機能を変えたり進化させられるようなデザインになっていますか

(8) 管理性（Manageable）
- プロダクトのデザインは，単に機能性を「使用する」ということを超えて，使用することの全部のコンテクストをサポートしていますか
- 利用法のみならず，たとえばインストール方法，トレーニング，メンテナンス，コスト，サプライヤーのようなユーザの管理ニーズに対して，プロダクトは説明しヘルプしていますか
- プロダクトのデザインに，権利と責任を含む「オーナーシップ」のコンセプトと使用に対する競合をネゴシエーションするというような課題を考慮に入れていますか

　これらの評価項目と評価基準は，エクスペリエンスのデザインを評価していくうえでひとつの参考になると思われます。

　また，図 5.17 に示すように，具体的な製品開発に経験価値を組み込んだ場合の評価尺度の例として，右下の「3 つの尺度」を用いることも提起されています[4]。これらは，ある部分については言語で測られ，またある部分については五感によって測られ，測定の一部は段階化または得点表にしてイノベーションの進度を評価するのに役立てることもできるとしています。

5.3.4　総合的な評価，総合的な QoE の必要性

　たとえ前述のそれぞれの評価が確定した場合にでも，顧客から総合的にみて

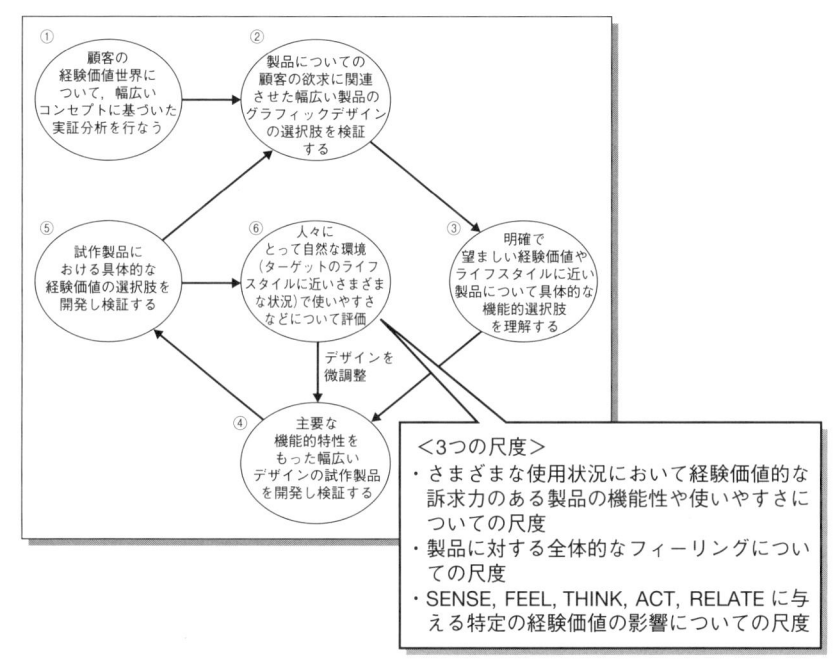

図 5.17 具体的な製品開発に経験価値を組み込んだ場合の評価尺度の例[4]

　その製品やサービスの QoE をどのように考えればよいのでしょうか。対象によって，また利用のコンテクストによって，どの項目を重視すればよいのでしょうか。

　QoE の基本的課題のひとつは，それぞれの評価項目・評価基準から，顧客からみた総合的な QoE を導出するアルゴリズムを見いだしていくことであると思われます。総合評価というと，顧客満足度という用語がよく聞かれます。ところが，『経験経済』[2] のなかで，知るべきものは「顧客我慢」であるという項があります。一般的には，QoE を高めて顧客満足度を上げていくということがふつうにいわれています。ところが，改めて考えてみると，「顧客満足」は次式で表わすことができます。

$$顧客満足 = \begin{pmatrix} 顧客が得られると \\ 期待しているもの \end{pmatrix} - \begin{pmatrix} 顧客が得られたと \\ 認知しているもの \end{pmatrix}$$

5.3 改めてエクスペリエンスの品質と総合評価を問う

ところが，顧客満足度の測定は，顧客が本当に欲しいものを発見するというよりは，すでに企業が提供していることに対して，顧客が抱いている期待を理解し，マネジメントすることを主眼としています．エクスペリエンスを創造しその品質を高めていこうとしたときには，これでは不十分です．提供しているものに対する評価だけではなく，顧客が心ならずも受け入れたものと，本当に求めているものとのギャップ，すなわち次式で表わされる「顧客我慢」を探求していくことが大切になってきます．

$$顧客我慢 = \begin{pmatrix} 顧客が本当に求 \\ めているもの \end{pmatrix} - \begin{pmatrix} 顧客が心ならずも \\ 受け入れたもの \end{pmatrix}$$

これまで，企業は顧客満足の向上をめざしてトータルクオリティマネジメント（TQC）を進めてきたこともあります．ところが，TQC プログラムを使うと，いわゆる平均的な顧客の満足度を向上させようとして，次々と新しい機能や新しい特性などを加えていくというアプローチをとることになってしまいがちです．平均的な顧客のために製品やサービスをデザインしてきたことが，顧客我慢を生む原因にもなっています．エクスペリエンスを創造し，そしてその QoE を高めていこうとしたときに基本となるのは，顧客のことと利用時のコンテクストをよく知るこが大切です．

最近，ユーザが本当に使いたいと感じる製品やサービスの実現をサポートするためのツールや手法として，4 章で述べたように，「ペルソナ」が導入されつつあります[15]．これは，インタラクションデザインだけでなく，あらゆる分野の製品やサービスのデザイン，コミュニケーションのデザインにおいて，顧客のエクスペリエンスを改善するツールのひとつと考えられています．ペルソナとは，実在する人々についての明確で具体的なデータを基につくりあげられた架空の人物であり，ユーザビリティなどの検討で用いられているユーザモデルの，より顧客のエクスペリエンスを重視したモデルということもできると思われます．

QoE のひとつの課題は，ユーザというような一般語ではなく，具体的な顧客のエクスペリエンスに焦点を当てられる新たな顧客のモデルと利用コンテク

ストと経験プロセスのモデルを創出していくことです。そして，顧客満足にとどまらず，「顧客我慢」の本質を探究していくことであると思われます。

また，ネットワークを介して多くのステークホルダー（例：コンテンツの提供者，番組プログラムの提供者，インタフェースエージェントの提供者など）が提携しつつサービスを提供していく場合には，顧客のネットワークサービスの利用体験に多くのステークホルダーの特性が影響してくることになります。

QoE の課題のひとつは，総合的な QoE のネットワークアーキテクチャのモデルを創出し，協調的発展のためのステークホルダー間のコーディネーションに役立てていくことであると思われます。

5.3.5 QoE 総合知のオントロジー

これまで示してきたように，QoE の R & D（研究開発）ビジネス活動には，基本的な課題として広い視野と深い知恵が要求されています。このような課題に対応していくためには，QoE をとりまくシステムでもある，いわば [18] で行なわれている「電子社会システム」の研究における取り組みがひとつの参考になると思われます。

この電子社会システムの研究プロジェクトは，「電子化が進む社会のシステムを，豊かで活力に満ち，そして信頼感のもてる安定したものとするための指針，戦略および具体的手法を，経済学，政治学，法学，哲学・倫理学，情報科学・工学などの面から総合的に学際的に国際的なグローバル性を考慮しつつ探求する」およそ 80 人の文系・理系の先生方により進められています。そのアウトプットには，たとえば沖縄サミットにおける eQuality 概念の提案，情報倫理教育の提案と開始なども含まれ，電子社会のパラダイムなどとしてとりまとめられています。電子社会システムの R & D 活動の基盤を支える思考のツール類は，学際的で国際的で，いわゆる文系・理系の融合領域の課題に対応していく必要があり，しかも日々の流動的現象を前にして緊急にアジャイルに現実の政策やビジネス戦略などへフィードバックをさせていかなければなりません。今後の R & D 活動は全体としてとらえて進めていくことが重要で，ビジネ

ス環境や社会環境とのダイナミックなフィードバックループを具備した方法論（メソドロジー）や研究戦略ツール類を開拓しながら進めていくことが大切であることが指摘されています[16]。

全体としてとらえて進めていくことに関しては，かつてF・ハイエクが「適切な社会秩序という問題はこんにち，経済学，法律学，政治学，社会学，および倫理学といったさまざまな角度から研究されているが，この問題は全体としてとらえた場合にのみうまくアプローチできる問題である」と述べています。また，ハイエクにとって主要問題は，「どんな人もその一部しか把握できないある複雑な環境のなかで，どう行動するかを知ることである」[3]といわれています[17]。

今後のビジネスのキーであるといわれているエクスペリエンス，そしてQoEに関係する者にとっては，前述の話は似た状況にあるとみることもできます。一部しか把握できない個にとって，ある観点からどのようにして全体をみていくのか，ここにはいわば「総合知」が求められているといえます。すべては関係性の下にあるといわれています。これまでに示してきたQoEに関連した考え方の関係性をみて理論体系とするには，5.1節～5.3節で述べた事項ごとの「QoE知のオントロジー」，そしてそれらを総合するための「QoE総合知のオントロジー」を構築していくことが望まれます。それが今後の優位化戦略のキーにつながっていくものと思われます。

5.4 UXマネジメントが今後の企業経営にとってのキー

5.4.1 UXマネジメントの重要性

これまで述べてきたQoEへの要請を，実際の日常の企業活動，ビジネス活動に活かしていくにはどうすればよいのでしょうか。すでに多くの企業で，時代のキーワードである「UX」のデザインと評価活動を企業組織のなかに埋め

---

3) このF・ハイエクの言葉は，どんな人もその一部しか把握できない複雑な環境のなかで，どう行動するかを知ることこそが主要な問題である，と解釈することもできます。

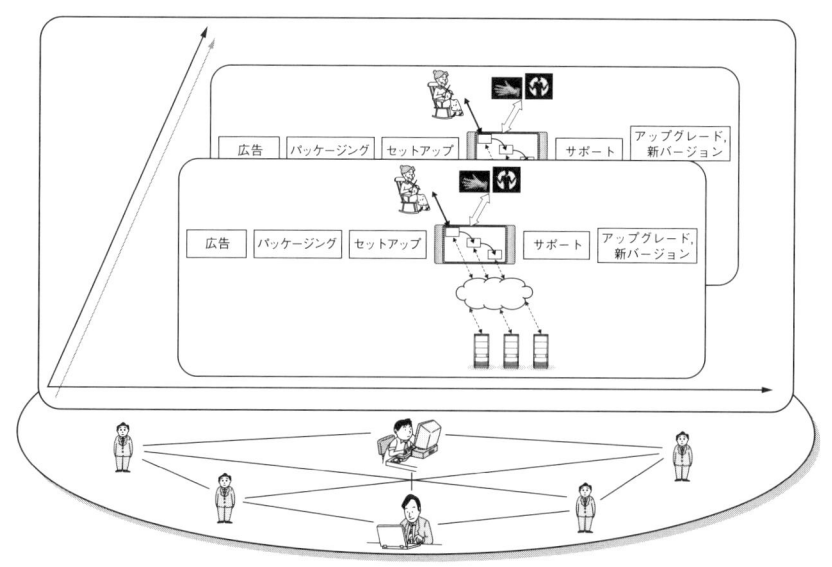

UXマネジメント，CXマネジメント

図 5.18 UX マネジメント（CX マネジメント）のイメージ

込んでいます．また，埋め込もうとしています．しかしながら，その活動を，これまでの研究開発活動，製品・商品開発活動，サービス開発活動，ビジネス活動などと協働させようとしたときには，むずかしい面があるようです．

これまで述べてきたように，企業全体としてのユーザ中心のエクスペリエンスデザイン活動や品質向上活動のマネジメントが課題となってきています．QoE の大きな課題のひとつは，QoE の考え方を具体的に日常の企業活動のなかにどのようにうまく活かしていくかをマネジメントしていく，5.1 節で述べた顧客価値マネジメントを定着させていくことであると思われます[18][19]．そのイメージを図 5.18 に示します．

5.4.2　UX のデザインに必要なスキルとチーム

UX のデザインに必要なスキルの例として，たとえば図 5.19 に示すものがあげられています．しかしながらこれらのスキルは，一人の同じ人のなかに見

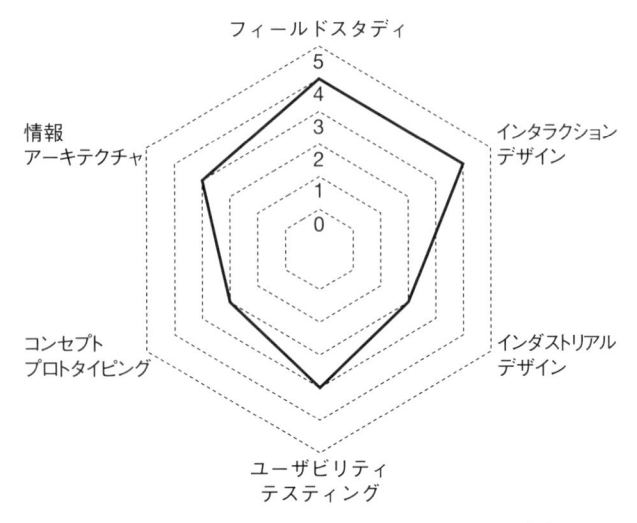

図 5.19　UX のデザインに必要なスキルの例[19]

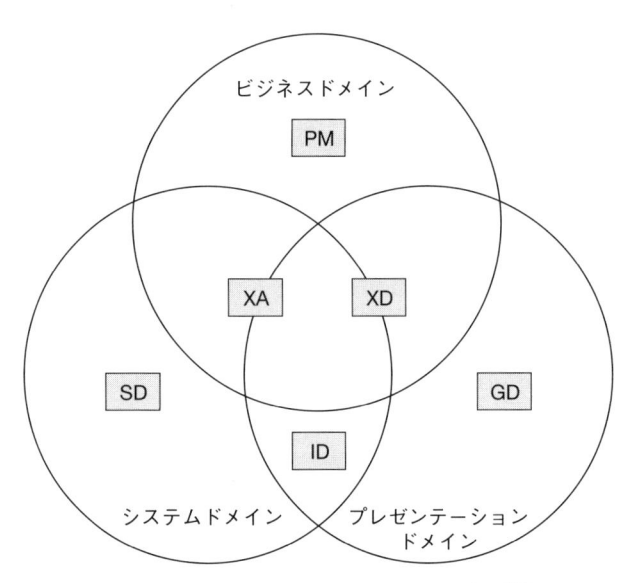

図 5.20　エクスペリエンスチームモデル[20]

いだすことは困難なことであることが指摘されています[19]。こうしたことから，UX を研究開発していくためには，多彩なスキルを備えた人材からなるチームが必要であり，そのチームをどのように組織としてデザインしマネジメントしていくかがキーになっています。

実際にエクスペリエンスデザインを適用して開発をしていく場合の方法論として，たとえばエクスペリエンスチームモデルというものも考えられています[20]（図 5.20）。ビジネスドメイン，プレゼンテーションドメイン，システムドメインに関連するそれぞれの担当者，すなわち，プロジェクトマネージャ（PM），グラフィックデザイナー（GD），システムデベロッパー（SD），エクスペリエンスアーキテクト（XA），エクスペリエンスデザイナー（XD），インタラクションデベロッパー（ID）が各ドメインでのロール（役割）を果たしながら協働して開発していくというものです。これもひとつの参考になると思われます。

5.4.3　UX マネジメント自体の体験流，そして QoE による選択と割り切り

UX マネジメントの基本には，ユーザからのきわめて多くのニーズ・要求項目（開発担当者にとっては，クライアントやビジネスサイドからのきわめて多くのニーズ・要求項目）があります。そして，このニーズ・要求項目という言葉で表わされているものには，必須のニーズから願望までいろいろなレベルのものがあげられてきます。これらをすべて実装し満足してもらおうとマネジメントしていくことは不可能に近いと思われます。いわば，行き過ぎた顧客主義に陥り，混乱をまねくことも想定されます。

このような課題に対応していくためには，UX マネジメント自体の体験や，要求に関する分野の体験，いわばさまざまなマネジメントに関する体験の流れからの学びをフィードバックしていくことが肝要だと思われます。

要求（Requirements）をマネジメントすることに関しては，要求工学（Requirements Engineering）や要求主導のプロジェクトマネジメント（Requirements-Led Project Managements）という分野・考え方があります[21]。これ

には，顧客ニーズを創出していく，顧客の新しいエクスペリエンスを創出していくことも含まれています。

要求主導のプロジェクトマネジメントにおいては，要求を記述するときに顧客価値[4]とよぶ内容を加味することを推奨しています。この顧客価値は2つの尺度で表わされています。1つめの尺度は，要求に対する満足度の尺度，すなわちその要求を実現できたらクライアントはどれほど幸福かを5段階で評価します。2つめの尺度では，要求に対する不満足度の尺度，すなわち逆にその要求を実現できないとしたらクライアントはどれほど不幸かを5段階で評価します。そして，この満足度と不満足度のスコアを合算し，評点の高い順番にソートして，許された時間内で実装できるかぎりのものを上から順番に選択するというものです。

また，リリースまでにとても間に合わないほどの大量の要求を抱えて困っているような場合には，トリアージ（triage）[5]の考え方を導入して，優先順位を整理・選択し割り切りをしていくようにUXマネジメントを進めていく必要があります。

表5.1 優先順位づけした要求テーブルの例

要求／ユースケース／エクスペリエンス要素	顧客満足度（5段階評価）	顧客不満足度（5段階評価）	顧客からみた価値（10段階評価）	QoEからみた重要性・優先度（10段階評価）	ビジネスからみた価値（10段階評価）	実現に要する最小コスト（10段階評価）	実装の容易性（10段階評価）	総合優先度（重みづけ評価）
要求1	5	1	6	5	6	6	5	○
要求2	4	5	9	8	8	4	6	◎
要求3	3	2	5	6	3	8	5	△
要求4	4	2	6	8	5	3	4	○
要求n	n_1	n_2	n_3	n_4	n_5	n_6	n_7	△

---

4) ここで「顧客価値」とは「customer value」の訳。
5) 救急救命医療の分野において，災害発生時や大事故などの場合に，重症度や緊急度に応じて傷病者を選別し，救命の可能性の高い人を優先することによって，限られたリソース下で最大多数に最善を尽くす方法。

このような，要求に対する優先順位づけの方法に加えて，たとえばそれぞれの要求におけるエクスペリエンス要素の品質からみた重要性・優先度を付加していくことが考えられます．すなわち，QoE による選択と割り切りを行なうことが考えられます．表 5.1 に優先順位づけした要求の例を示します．

　なお，最近話題になっている iPhone の UX は多くの点で高く評価されていますが，一方では足りない機能要素がたくさんあることも指摘されています．これは，アップル社が考えたユーザのエクスペリエンスを実現するうえでの割り切りであるともみられています．UX を開発する立場からすると，特定の手段を使うと必ず利点と欠点が出てきます．だからこそ，どこに焦点をあてて選択し，どこを割り切るのかが重要になってくるということが指摘されています[22]．

　iPhone は，単にユーザインタフェースの面で使いやすい携帯電話というだけでなく，箱を開けるときから，サービス設定をするときも，当然サービス利用のプロセスにおいても，その UX の面でとてもよいものであると賞賛されています．これらは，最初の章で述べたアップル社の UX アーキテクチャグループの創設以来，長年にわたって UX の創造とその品質向上に取り組んできた，いわば企業文化の中から生まれてきたものといってもよいと思われます．

　エクスペリエンスのとらえ方には多様なものがみられます．しかしながら，この例が教えてくれるように，インタフェースのレベルでの長年にわたる体験と知見，それを UX のレベルに引き上げ，そしてそれを UX マネジメント（ならびに CX マネジメント）として企業カルチャーとしてきた底力の賜物であるといっても過言でないと思われます（詳細については文献 [23]～[25] を参照）．

　しかしながら，アップル社にとっても当初の UX だけでは安心はできません．今後も，たとえば iPhone の他社製品との帯域・速度にかかわる QoE の競争，製品群の今後のアフターサービスにかかわる QoE への要請など，まさに継続した総合的な QoE 競争にさらされているともいえます．たえざる総合的な UX マネジメントを怠ると，アップル社といえども厳しい現実に直面することもありえるのです．このように，UX マネジメント（ならびに CX マネジメント）をどのように進めていくかが，今後のキーになると思われます．

5.5 QoE の深化とビジネスの展開

5.5.1 QoE の横展開（体験流の組合せ）の例

　エクスペリエンスが注目され，そのエクスペリエンスという言葉にも，それを扱う専門分野，ソサエティによってさまざまな意味合いをもたせています。たとえば，現在の ITU-T で議論されている IPTV のなかでの QoE の対象の例として，「ザッピング時間（zapping time）」（チャンネル間をスイッチする時間）があげられています。また，「インタフェース」や「IPTV のさらなる QoE 検討要素」では，コンテンツを探したり予約したりするときの QoE，ユーザに新しい発見を与え有益なコンテンツに到達するときの QoE，映像視聴とコミュニケーションがシームレスに可能な場面における QoE などがあげられています。

　このように，現在 ITU-T で議論されているエクスペリエンスに加えて，IPTV の今後の展開を想定したときに，まだまだいろいろなエクスペリエンスが考えられます。たとえば，EPG など番組プログラムの提示・選択体験，VOD 体験，映像のナビゲーション・検索体験，映像のなかから買い物体験，スポーツ見物・仮想参加体験，さまざまなビデオ会議ソリューション体験，YouTube などとの連動体験，まさにその場にいる臨場感体験（イマーシブテレプレゼンス体験），モバイル映像との連動体験，映像による協同作業体験，IP コラボレーション体験，映像による教育体験，映像チャット体験，映像ポータル体験，PPV（ペイパービュー）体験，DVR 連動体験，ユニファイドコミュニケーション体験，基本となる各種設定体験などが考えられます。

　そして，それぞれの体験に対して QoE が考えられ，それを高めていくことが，競争優位につながっていくと思われます。当然のことながら，多くのステークホルダーとの協働活動は複雑になっていきますので，それらの関係性をうまく UX マネジメントしていくことが必要になります。

　人は，たえざるエクスペリエンスの流れのなかにいるともいえます。QoE の今後の展開を考えていく場合には，さまざまなエクスペリエンスの流れ，い

わば「体験流」を学び，社会的に生み出していくメカニズムや「経験・体験の構造」を検討していくことが，今後のビジネス展開における優位化につながっていくものと思われます。

　また，基本となる人や組織の源泉を行動・認知・感情などの面からトータルにとらえ，さまざまなレベルのインタフェース問題の基底，ミクロとマクロな視点をわかりあえる認知，認知的人工物がもたらすものなどについて検討していくことも，地力のあるビジネス展開につながっていくものと思われます[26]。

5.5.2　QoEの縦展開（QoEレベルの深化）の例

　基本に戻って，人のエクスペリエンスを詳細に見てみると，人の内面はいつも同じ状態にとどまっているわけではなく，外界とのインタラクションによってたえずエクスペリエンスのレベルを深化（もしくは進化）させていると考えることができます。わかりやすい例として，学習（Learning）においては，エクスペリエンスのレベルというものが図5.21のように考えられています[27]。

　たとえば，学習に関連した情報通信サービスを提供しようとする場合には，

エクスペリエンスのレベル

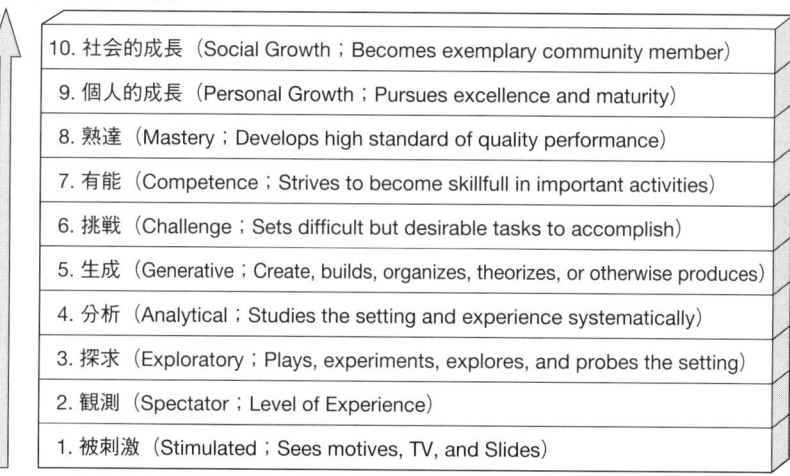

10. 社会的成長（Social Growth；Becomes exemplary community member）
9. 個人的成長（Personal Growth；Pursues excellence and maturity）
8. 熟達（Mastery；Develops high standard of quality performance）
7. 有能（Competence；Strives to become skillfull in important activities）
6. 挑戦（Challenge；Sets difficult but desirable tasks to accomplish）
5. 生成（Generative；Create, builds, organizes, theorizes, or otherwise produces）
4. 分析（Analytical；Studies the setting and experience systematically）
3. 探求（Exploratory；Plays, experiments, explores, and probes the setting）
2. 観測（Spectator；Level of Experience）
1. 被刺激（Stimulated；Sees motives, TV, and Slides）

図5.21　エクスペリエンスのレベルの例（学習の場合）[27]

どのレベルのエクスペリエンスを提供しようとしているのか，その各レベルにおける QoE をどのように定義し，どのような UX デザイン方法によって，よりよくしていこうとしているのかなどを検討する必要があります。そして，ユーザに次のエクスペリエンスを気づかせていくようなデザイン，マネジメントをしていく必要があります。

なお，5.3.3 項で示されているひとつの評価項目である「可変性（Mutable）」のなかに示されている「新しい，まだ見えていない利用方法が出てきた場合に，プロダクトの機能を変えたり進化させられるようなデザインになっていますか」という評価尺度は，これにも相当すると思われます。

5.5.3　QoE を架け橋とした R＆D ビジネス活動のイノベーション

今までのユーザビリティやサービス品質（QoS）では不十分であるとの認識から始まった QoE の背景には，たとえば ITU-T の QoE ワークショップの冒頭でも述べられているように，

- 品質駆動の経済（Quality driven economics）
- 品質で差異化されたさまざまなサービス（Quality differentiated services）

というビジネス指向の要請が流れています。そして，競争力のある品質は，顧客がそのサービスを何度も使い，顧客を継続的につなぎ止めておくために必須であるとも述べられています。

今後は，これまでに述べられた，以下の 3 つの分野でのエクスペリエンスへの取り組みの流れを総合化し，実際の企業活動のなかでマネジメントしていくことが競争優位化のためのキーになってくるものと思われます。

- 通信分野で進められている ITU-T での IPTV の QoE への取り組み
- インタフェース分野で展開してきた UX での QoE への取り組み
- 経済，マーケティング分野で展開している経験経済，顧客価値への取り組み

優位化に結びつくエクスペリエンスをデザインし，その QoE を高めていく

ためにマクロにとらえると，たとえば，
- 顧客の局面（客とのさまざまなタッチポイントを観察・開拓する）
- ビジネスの局面（マーケットやターゲットユーザとそのビジネスモデルを仮説する）
- サービス・ブランドの局面（プロダクトやサービス，そしてブランドのコンセプトを形成する）
- エクスペリエンスの局面（提供するエクスペリエンスのレベルやフレームワークを選定する）
- 試行導入の局面（プロトタイピングによる検証を行なう）

などの各活動を，
- QoEの局面（提供するエクスペリエンスのQoEの明確化，実フィールドにおけるQoE観察・テスト・メジャーリング）

を媒介にしてくり返しながら，UXマネジメントを駆使したR＆Dビジネス活動の継続的なイノベーションを進めていくことが期待されます。図5.22に，QoEを架け橋としたR＆Dビジネス活動のイノベーションのイメージを示します。

　製品や商品の機能の提供，サービスの提供の時代から総合的なエクスペリエンス，そしてそのQoEの提供競争の時代となってきています。これからは，そのエクスペリエンスの質「QoE」を架け橋にして，R＆Dビジネス活動を継続的にイノベーションしつづけることが，ビジネス競争を左右する時代になってくるといえます。

参考文献

[1] Lauralee Alben : Quality of Experience, *ACM interactions*, Vol.3, No.5, pp.11-15, May-June 1996.
[2] B・J・パインⅡ，J・H・ギルモア：『[新訳] 経験経済―脱コモディティ化のマーケティング戦略―』，ダイヤモンド社，2005.
[3] バーンド・H・シュミット：『経験価値マーケティング―消費者が「何か」を感じるプラスαの魅力―』，ダイヤモンド社，2000.

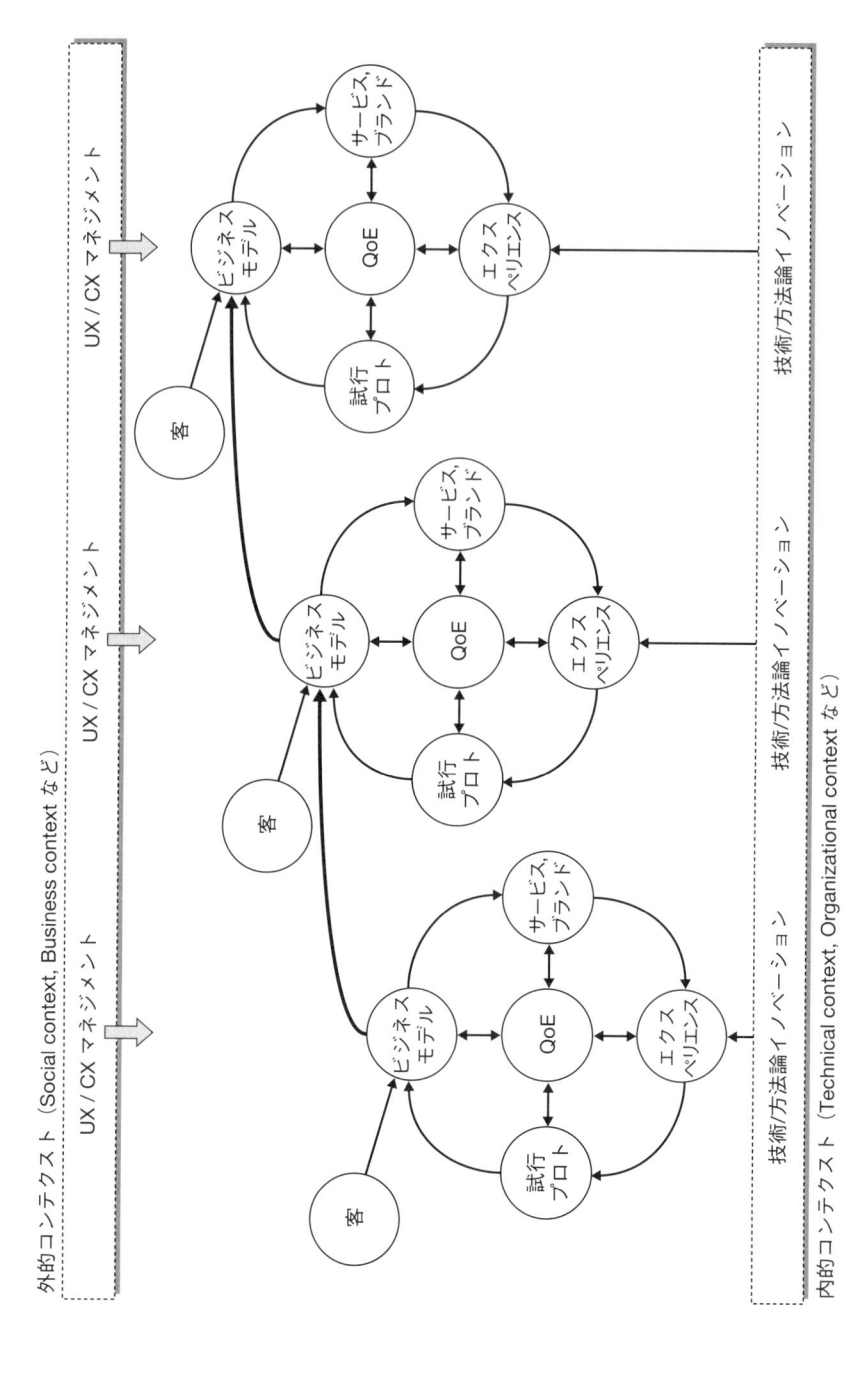

図 5.22 QoE を架け橋とした R＆D ビジネス活動のイノベーション

[4] バーンド・H・シュミット:『経験価値マネジメント―マーケティングは,製品からエクスペリエンスへ―』,ダイヤモンド社,2004.
[5] ヤコブ・ニールセン:『ユーザビリティエンジニアリング原論―ユーザのためのインタフェースデザイン―』,東京電機大学出版局,1999.
[6] 黒須正明,伊東昌子,時津倫子:『ユーザ工学入門―使い勝手を考える・ISO 13407への具体的アプローチ―』,共立出版,1999.
[7] 黒須正明編著:『ユーザビリティテスティング―ユーザ中心のものづくりに向けて―』,共立出版,2003.
[8] Donald A. Norman : Human-Centered Design Considered Harmful, *ACM interactions*, Vol.12, No.4, pp.14-19, July-August 2005.
[9] Donald A. Norman : Logic Versus Usage : The Case for Activity-Centered Design, *ACM interactions*, Vol.13, No.6, p.45, November-December 2006.
[10] ユーリア・エンゲストローム:『拡張による学習,活動理論からのアプローチ』,新曜社,1999.
[11] Bruno von Niman, *et al.* : User experience Design guidelines for Telecare (e-health) Services, *ACM interactions*, Vol.14, No.5, pp.36-40, September-October 2007.
[12] Donald A. Norman : The Design of Future Things, Basic Books, 2007.
[13] 思わず好きにさせる方法を iPhone と Wii に学ぶ,日経エレクトロニクス,2007.9.24.
[14] ユーザー・インタフェース アイデアから実用へ,認識技術の浸透始まる,CEATEC 報告記事,日経エレクトロニクス,2007.10.22.
[15] ジョン・S・プルーイット,タマラ・アドリン:『ペルソナ戦略―マーケティング,製品開発,デザインを顧客志向にする―』,ダイヤモンド社,2007.
[16] 遠藤隆也:電子社会システムの課題,辻井重男編著,竹内 啓,鈴村興太郎,斉藤 博,石黒一憲,加藤尚武,池上徹彦,遠藤隆也共著:『電子社会のパラダイム』,新世社/サイエンス社,2002.
[17] G. R. Steele : The Economics of Friedlich Hayek, Macmillan, London, 1996.〔渡部 茂 訳:『ハイエクの経済学』,学文社,2001.〕
[18] Daniel Rosenberg : Introducing the 360°View of UX Management, *ACM interactions*, Vol.14, No.3, pp.23-24, May-June 2007.
[19] Jon Innes : Defining the User Experience Function : Innovation through Organizational Design, *ACM interactions*, Vol.14, No.3, pp.36-37, May-June 2007.
[20] セカンドファクトリー:『Blend Book』,翔泳社,2007.
[21] スザンヌ・ロバートソン,ジェームス・ロバートソン:『ソフトウェアの要求「発明」学』,日経BP社,2007.
[22] iPhone が示唆する機器開発のジレンマ,日経エレクトロニクス,2007.9.24.
[23] ドナルド・A・ノーマン:美しい製品は欠点も見えなくなる,日経エレクトロニクス,2007.2.26.
[24] iPhone はどこがすごいのか,日経エレクトロニクス,2007.7.30.

[25] 思わず好きになる製品をつくる，日経エレクトロニクス，2007.9.24.
[26] 遠藤隆也：リプリゼンテーションとインタフェース問題の基底，わかる認知科学からわかりあえるマクロな認知工学に向けて，認知科学，Vol.2, No.1, Feb. 1995.
[27] Bill Buxton : Sketching User Experience, Morgan Kaufmann, 2007.

索引

数字・記号

2次分配伝送	45
@cosme	88

欧文

Absolute Category Rating 法	42
ACD	101
ACR 法	42
activity-centered design	101
Aesthetic experience	115
Appropriate	115
CCR 法	45
Comparison Category Rating 法	45
customer value	124
D・A・ノーマン	68
DBTS-HR 法	45
DMOS	44
Double Blind Triple Stimulus-Hidden Reference 法	45
Double-Stimulus Continuous Quality-Scale	44
DSCQS	44
Effective design process	115
EPG	85
ethnography	114
Focus Group IPTV	33
FR 法	48
HCD	99
HD	32
High Difinition	32
human-centered design	99
International Telecommunication Union Telecommunication Standardization Sector (ITU-T)	10
IPDV	58
IPER	58
iPhone	125
IPLR	58
IPTD	58
IP パケット誤り率	58
IP パケット損失率	58
IP パケット遅延揺らぎ	58
IP パケット転送遅延	58
ISO 13407	69, 99
ITU-R 勧告 BS.1116	41, 45
ITU-R 勧告 BS.1284	45
ITU-R 勧告 BT.1201	41
ITU-R 勧告 BT.500	41
ITU-R 勧告 BT.500-11	44, 45
ITU-R 勧告 BT.802	41
ITU-T	10
ITU-T FG-IPTV	33
ITU-T SG12	21
ITU-T SG9	22
ITU-T Y.pmm12	66
ITU-T Y.1530	57, 58
ITU-T Y.1540	58
ITU-T Y.1541	58, 64
ITU-T Y.1542	64
ITU-T 勧告 G.1070	51
ITU-T 勧告 I.350	55
ITU-T 勧告 J.144	50
ITU-T 勧告 P.564	66

ITU-T 勧告 P.800	42		SLA	28
ITU-T 勧告 P.920	42		SNR	40
ITU-T 勧告 P.930	40		Stimulus Comparison 法	45
ITU-T 勧告 Y.1540	58		Study Group 12	21
Jakob Nielsen	112		System acceptability	112
JIS Z 8530	69		Technical Report 126	24
JIS Z 8530 : 2000	99		The Design of Future Things	106
Learnable and Usable	115		TQC	118
LR	60		TR-126	24
Manageable	116		Triple-play Services Quality of Experience (QoE) Requirements	24
Mean Opinion Score (MOS 値)	24			
MNRU	40		TS 23.107	59
Modulated Noise Reference Unit	40		TV 電話／会議サービス	51
MOS 値	24		UCD	99
Mutable	116, 128		Understanding of users	114
Needed	115		user-centered design	99
NR 法	50		UX	11
QoBiz	14		UX マネジメント	125, 126
QoE	20		Video On Demand (VOD)	32
QoE (ITU-T での定義)	20		Video Quality Experts Group	43
QoE の評価項目例	114		VOD	32
QoS	17		VQEG	43, 50
QoS (ITU-T での定義)	20		WP 6Q	22
Quality differentiated services	128			
Quality driven economics	128		**あ**	
Quality of Business	14		アクティビティ中心設計	101
Quality of Service (QoS)	17		アップル社	125
RE	60		アプリケーション（レベル）QoS	19
Requirements Engineering	123		安定品質	57
RR 法	48		インスペクション	70
R 値	61		エクスペリエンスチームモデル	123
SC 法	45		エクスペリエンスデザインの評価	114
SDSCE 法	45		エクスペリエンスのレベルの例	
Signal-to-Noise Ratio	40		（学習の場合）	127
Simultaneous Double Stimulus for Continuous Evaluation (SDSCE) 法	45		エラー率	16
			遠隔操作	84

エンド ツー エンド QoS	19
エンドユーザ	33, 34
オピニオン評価法	42
音声通話品質	16

か

学習と使用	115
可視性	68
可変性	116, 128
管理性	116
経験価値	95
効果的なデザインプロセス	115
顧客価値	124
顧客我慢	117, 119
顧客満足	117
顧客満足度	117
国際電気通信連合電気通信標準化部門	10
コンテンツプロバイダ	33, 34

さ

サービスプロバイダ	33, 34
システムの受容性	112
ジッタ	17
実地調査	114
シナリオ	71
接続品質	16
総合音声伝送品質	61
総合知	120
素材映像の標準化	41

た

帯域	16
多チャンネル化	36
誰のためのデザイン	68
遅延	16
遅延揺らぎ	16

通話等量	60
適切さ	115
デザインガイドライン	105
テレサービス	55
電子社会システム	119
伝送品質	16
トータルクオリティマネジメント	118
ドナルド・A・ノーマン	94
ドメイン	33
トリアージ	124
トリプルプレイサービス	32

な

二重刺激連続品質尺度	44
人間工学―インタラクティブシステムの	
人間中心設計プロセス	69
人間中心設計	99
人間中心のデザイン法	13
ネットワークセキュリティ	29
ネットワークプロバイダ	33, 34
ノーレファレンス法	50

は

パラメトリックパケットレイヤモデル	50
パラメトリックプランニングモデル	50
ビットストリームレイヤモデル	53
必要性	115
美的エクスペリエンス	115
標準動画像	41
品質測定	66
品質の管理	65
品質モニタリング文書	33
品質劣化検出	65
品質レポート	66
フィードバック	68
不稼働率	61

フルレファレンス法	48
ベアラサービス	55
平均遅延	61
ベストエフォート	16
ペルソナ	71, 118
保守・運用性	70

ま

未来のモノゴトのデザイン	106
民族誌学	114
メディアレイヤモデル	48

や

ヤコブ・ニールセン	112
ユーザ QoS	19
ユーザインタフェース	66
ユーザエクスペリエンス	11
ユーザ情報転送過程の品質	58
ユーザ中心設計	99
ユーザ中心のデザイン法	13
ユーザテスティング	70
ユーザに関する理解度	114
ユーザビリティ	112
ユーザビリティの評価項目	113
よい概念モデル	68
よい対応づけ	68
よいデザインのための原則	68
要求工学	123

ら

ラウドネス定格	60
リデューストレファレンス法	48
レコメンド	88

著者一覧

岸上　順一	NTTサイバーソリューション研究所	1章	
遠藤　隆也	NTTアドバンステクノロジ株式会社	2章, 5章	
筒井　章博	NTT未来ねっと研究所	3章	
三上　弾	NTTサイバーソリューション研究所（現在：NTTコミュニケーション科学基礎研究所）	4.1, 4.2, 4.5〜4.7節	
石井　晋司	NTTサイバーソリューション研究所	4.1, 4.2節	
高橋　玲	NTTサービスインテグレーション基盤研究所	4.3節	
中島伊佐美	NTTサービスインテグレーション基盤研究所	4.4節	
田中　清	NTTサイバーソリューション研究所	4.5〜4.7節	

ユーザが感じる品質基準 QoE	—IPTV サービスの開発を例として—

2009年2月20日　第1版1刷発行	監　修	NTT サイバーソリューション研究所
		学校法人　東京電機大学
	発行所	東京電機大学出版局
		代表者　加藤康太郎

〒101-8457
東京都千代田区神田錦町 2-2
振替口座 00160-5-71715
電話　(03)5280-3433(営業)
　　　(03)5280-3422(編集)

印刷　三美印刷(株)	© NTT Cyber Solutions Labs. 2009
製本　渡辺製本(株)	
装丁　鎌田正志	Printed in Japan

＊無断で転載することを禁じます。
＊落丁・乱丁本はお取替えいたします。

ISBN 978-4-501-32680-7　C3055

【シリーズ・デジタルプリンタ技術】　　　　　　　日本画像学会　編
電子写真　　　　　　　　　　　　　　　平倉浩治・川本広行　監修　　　3150 円
電子ペーパー　　　　　　　　　　　　　面谷　信　監修　　　　　　　　2730 円
インクジェット　　　　　　　　　　　　藤井雅彦　監修　　　　　　　　3255 円
ケミカルトナー　　　　　　　　　　　　竹内　学・多田達也　監修　　　3045 円

虫食算と覆面算　─難易度別 200 選─　　大駒誠一・武　純也　著　　　　1470 円
世界市場を制覇する国際標準化戦略　　　原田節雄　著　　　　　　　　　1995 円

画像電子情報ハンドブック　　　　　　　画像電子学会　編　　　　　　 29400 円
学びとコンピュータハンドブック　　　　佐伯　胖　監修／CIEC 編　　　 6615 円

定価は変更されることがあります。ご注文の際は http://www.tdupress.jp/ にてご確認ください。